사파리 사이언스

국립중앙도서관 출판시도서목록(CIP)

사파리 사이언스:과학 선생 몰리의 살짝 위험한 아프리카
여행 / 조수영 지음. — 파주 : 효형출판, 2008
    p. ;   cm

ISBN 978-89-5872-058-4 03400 : ₩13000

404-KDC4
502-DDC21   CIP2008001002

과학 선생 몰리의
살짝 위험한 아프리카 여행

사파리
사이언스

조수영 지음

효형출판

사파리 사이언스 지도

모잠비크

마스빙고   대짐바브웨

짐바브웨

불라와요

남아프리카 공화국

리빙스턴

빅토리아 폴스

보츠와나

나미비아

케이프타운

희망봉

빈트후크

스바코프문트

데드 플라이

나미브 사막

지도는 아프리카 대륙을 시계 반대
방향으로 90도 회전한 상태다.

과학의 눈으로 떠나는 종횡무진 사파리 여행

"선생님, 아프리카에 가면 '흑인'이 돼서 돌아올 수도 있나요?"

아프리카 여행을 떠난다고 하니, 아이들은 곧잘 이렇게 물었다. 코끼리 떼의 습격을 받을 수도 있지 않냐고 말하기도 했다. 지각하거나 떠들다가 혼날 때는 너무 밉다며 입을 비쭉거리더니만, 막상 먼 길을 떠난다고 하니 걱정이 되긴 했나 보다. 아니, 어쩌면 햇볕에 새카맣게 그을리면 더 나을 것 같다는 의미심장한 충고였을까?

지금까지 유럽, 아메리카, 지중해, 중동, 실크로드 등지를 여행해온 '베테랑 배낭 여행자'였지만, 아프리카는 여느 여행지와 조금 달랐다. 킬리만자로Kilimanjaro의 만년설, 기린과 얼룩말, 사자가 뛰노는 세렝게티Serengeti, 남극의 신사 펭귄이 있다. 그뿐인가? 천둥이 치고 물보라가 치솟는다는 빅토리아Victoria 폭포도 있다. 아프리카의 자연과 생태에 유독 관심이 많은 어쩔 수 없는 '과학 선생'인지라, 아프리카로 향하는 전날까지 흥분을 감추지 못했다.

철학자 알랭 드 보통이 쓴 여행 에세이에는 '반 고흐가 프로방스 화가들 가운데 독특했던 이유는 단지 재현에 그치지 않고 특별한 것을 선택하고 강조했기 때문'이라는 이야기가 등장한다. 보는 시각에 따라 전혀 다른 색채를 띠는 여행의 핵심을 잘 지적한 말이다. 아프리카에서 만난 여행자들도 누구는 정치적 사건에, 누구는 토속 미술품에, 누구는 생활 풍습에 관심이 더 많았다. 모두 '다른 촉수'를 지니고 있었던 셈이다.

한 달 동안 아프리카 동남부 지역을 여행하면서, 나는 아이들과 함께 떠난 즐거운 야외 수업을 상상했다. 특히 동물원이나 텔레비전이 아니라 세렝게티의 넓은 들판에서 만난 야생동물들은 놀라운 감동을 안겨주었다. '적자생존'의 자연법칙은 엄연했지만, '배가 고프지 않으면 공격하지 않는' 자연의 순리 또한 잘 지켜지고 있었다. 초기 인류의 흔적을 간직한 올두바이Olduvai 협곡, 관성의 힘을 깨우쳐준 타자라Tazara 열차, 작용·반작용의 원리를 실감하게 한 잠베지Zambezi강에서의 아찔한 래프팅, 붉은 나미브Namib 사막을 오토바이로 내달리며 느낀 바람의 위대함까지, 혼자 보기에는 아까운 장면들이 이어졌다.

아프리카에서 돌아온 뒤 인터넷 매체에 여행기를 올린 것은 그런 아쉬움 때문이었다. 사륜 구동차를 타고 아프리카를 종횡무진 누비며 배우는 '사파리 사이언스'를 더 많은 사람과 함께하고 싶었던 것이다. 과학 선생이라고 모든 과학에 통달하지는 않는 법! 원고를 쓰는 내내 중간고사를 앞에 둔 학생처럼 도서관에 콕 박혀 책들을 뒤지고, 궁금하면 대학교 교수님이든, 회사 관계자든 간에 도움을 청했다.

《사파리 사이언스》에는 케냐Kenya를 출발해 탄자니아Tanzania, 잠비아Zambia, 짐바브웨Zimbabwe, 남아프리카 공화국, 나미비아Namibia에 이르는 여정이 펼쳐진다. 여행사를 통하지 않은 까닭에, 직접 일정을 준비해야 했고 숙소도 예약하지 못한 경우에는 현지에서 구해야 했다. '스릴'은 있었지만, 길을 찾지 못해 헤매거나 환전상에게 사기를 당하는 일도 있었다. 아프리카 배낭 여행을 준비하는 사람에게 이러한 좌충우돌 이야기가 조금이나마 도움이 되었으면 한다.

오래도록 준비한 끝에 여행을 다녀온 탓일까? 원고를 쓰고 마침내 책으로 묶일 때까지도 마음은 늘 아프리카에 있었던 것 같다. 머리말을 쓰고 있는 지금에서야 여행을 마치고 집으로 돌아온 기분이다. 무엇보다 일단 한숨 자야겠다. 그래야 몰리의 '살짝 위험한' 여행이 계속될 수 있을 테니까.

나미브 사막을 그리워하며

조수영

차례

01

표범을 타고 아프리카 초원으로

02

사파리 특급열차를 타다

03
지구 중심으로 번지점프 하다

04
사막별에서 만난 친구들

표범을 타고
아프리카 초원으로

01

왜 케냐 선수들은 잘 달릴까?

잠보! 아프리카

아프리카에 대해 '거의'라고 해도 좋을 만큼 아는 것이 없었다. 타잔이 타고 다녔던 넝쿨이 휘감긴 밀림으로 덮여있고, 가슴을 훤히 드러내고도 부끄러워 할 줄 모르는 여인들이 있고, 텔레비전 프로그램인 〈동물의 왕국〉에서 보았듯 가는 곳마다 사자와 기린이 뛰어다닐 줄 알았다. 무엇보다 불행한 사람이 많으리라는 말도 안 되는 상상이 머릿속을 채우고 있었다. 뜨거운 대륙 아프리카에 자리한 킬리만자로(Kilimanjaro, 해발 5,895미터)의 꼭대기에 만년설萬年雪이 정말 있을까? 여행을 준비하면서 그 믿기 어려운 이야기를 확인해보겠다는 의지에 불타기도 했다. 한편으로는 식인종에게 붙잡혀 추장의 열세 번째 부인이 될지도 모른다는 황당한 상상을 하기도 했다. 누가 알랴?

아프리카에 대한 또 하나의 오해를 고백하자면, 아프리카 사람들과는 영어가 통하지 않으리라 생각했다. 그러나 유럽의 지배를 받았던 슬픈 과거 덕분(?)에 대부분 영어로 대화하는 데 별 어려움이 없었다. 물론 동남부 아프리카에서 쓰는 스와힐리어 몇 단어를 외우면 마사이Masai족이 직접 만든 목걸이 가격을 흥정하는 데 큰 도움이 된다. 몇 마디를 배워볼까?

잠보 또는 카리부	안녕
하바리	잘 계십니까?
베이가니	얼마예요?
아산테	감사합니다
나구펜다	사랑해요
뽈레뽈레	천천히 여유를 가져요
하쿠나 마타타	걱정 말고 힘든 일은 나중에 생각해요

거대한 아프리카 대륙 가운데서도 치열한 내전 지역으로 손꼽히는 서부 아프리카로 들어가기에는 용기가 부족했다. 그래서 그나마 치안이 보장되어있는 동남부의 케냐Kenya, 탄자니아Tanzania, 잠비아Zambia, 짐바브웨Zimbabwe, 남아프리카 공화국, 나미비아Namibia를 지나기로 했다. 우리나라에서 중남부 아프리카까지는 직항이 없어 홍콩이나 유럽의 나라들을 거쳐야 한다. 첫 일정이 시작되는 곳인 킬리만자로가 탄자니아에 있지만

국제공항이 있는 옛 수도 다르에스살람Dar es Salaam에서 멀다. 그래서 많은 여행객이 케냐의 나이로비Nairobi 공항을 이용한다.

인천 국제공항을 출발해 꼬박 열여덟 시간을 날아 케냐의 수도이자, 아프리카의 첫 관문인 나이로비에 도착했다. 공항 기념품 가게에는 메릴 스트립과 로버트 레드포드가 열연을 펼친 영화 제목처럼 '아웃 오브 아프리카Out of Africa' 라 쓰여있다. 나는 지금 아프리카에 들어왔으니 '인투 아프리카Into Africa' 라 바꿔 불러야겠다.

케냐의 첫 느낌은 건강함이 물씬 풍기는 나라다. 탄력 있는 검은 피부와 짧은 머리카락, 건강미 넘치는 근육과 긴 다리! 동양인 여자가 자기 키만 한 배낭을 메고 공항 한가운데 서있으니 시선이 집중되었다. 검은 피부 덕분에 흰자위 사이를 굴러가는 눈동자까지 뚜렷하게 보였다.

나이로비 숙소를 정하지 못한 터라, 걱정이 앞서 서둘러 빠져나왔다. 한국에서 예약 이메일을 보냈지만 답신을 하나도 받지 못했다. 그렇다고 하룻밤에 100달러가 넘는 고급 숙소에서 잘 수도 없는 법! 배낭 여행자 본연의 모습으로 돌아가 현지에서 직접 구하기로 했다.

우선 나이로비 지도를 얻기 위해 공항안내소로 가니, 호텔에서 나온 호객꾼들이 바글바글했다.

"얼마예요?"

"100달러!"

자신만만하게 최고가를 부르던 호객꾼들도 시간이 지나자 점점 가격

늘 가보고 싶었지만 실행에 옮기기는 어려웠던 아프리카!
내전에 관한 흉흉한 뉴스들도 꿈의 대륙을 향한 내 발길을 붙잡지는 못했다.
일단 떠나기 전에는 하쿠나 마타타!

을 내렸다. 시내 중심에 자리한 앰버서더 호텔은 60달러까지 낮춰주겠다고 제안했다. 나는 20달러 이상은 줄 수 없다고 단언했다.

"그런 숙소는 위험하기 짝이 없어요. 여자가 가면 무서운 일이 일어날 수도 있다고요."

호객꾼은 눈을 동그랗게 뜨며 심각한 표정이다. 끈질긴 흥정 끝에 직접 택시를 타고 가는 조건으로 30달러에 합의했다. 게다가 아침식사까지 포함된 가격이니, 출발 치고는 성공적이다. 호객꾼은 "당신처럼 지독한 여행객은 처음이라니깐." 하며 투덜거렸지만, 하룻밤에 10달러를 예상

공항에서 내리자마자 아프리카 대륙임을 실감했다.
톰슨가젤의 멋들어진 뿔과 줄무늬를 보라. 쿵쾅쿵쾅 뛰는 가슴을 숨길 길이 없다.

했던 가난한 여행자에게는 무리한 결정임에 틀림없다.

공항에서 택시를 타고 시내로 들어가는 데는 30분 남짓 걸리는데, 길의 왼편으로는 초원이 펼쳐져있다. 나이로비 시내의 남쪽에 자리한 나이로비 국립공원이다. 무릎 높이의 풀들이 가지런히 자라 초원을 이룬다. 이것이 말로만 듣던 사바나Savana다. 앗, 〈동물의 왕국〉에서 본 가젤이다. 옆구리에 검은 줄이 있으니 '톰슨가젤'이 분명하다. 아프리카에서 보는 첫 번째 야생동물이다. 초원 한가운데 동물원 우리 안에서만 보았던 기린이 여유롭게 서있다. 나는 드디어 아프리카에 왔다.

뜨거운 대륙 아프리카는 생각보다 덥지 않았다. 밤에는 오히려 춥다고 느낄 정도였다. 그 이유는 나이로비가 해발 1,820미터의 고원도시이기 때문이다. 나이로비는 남쪽으로 아프리카 최고봉 킬리만자로와, 북쪽으로 그 다음 높은 케냐산이 우뚝 솟은 케냐 고원에 자리잡고 있다. 그래서 적도에 걸쳐있지만 일 년 내내 큰 기온 변화 없이 섭씨 12~25도로 쾌적하다.

나이로비의 여름은 우리나라 봄, 초여름, 가을 날씨가 섞여있다고 보면 적당하다. 아침저녁으로 제법 쌀쌀하지만 낮볕 아래에서는 자외선 때문에 따갑다. 그늘로 들어서면 늦가을 느낌이다. 하루에도, 같은 시간에도 여러 계절이 동시에 펼쳐진다. 우기인 4월에는 200밀리미터가 넘는 비가 내리고, 건기인 7~9월에도 100밀리미터쯤 비가 와서 초원은 언제나 푸르다. 아프리카에는 이러한 열대 고원도시가 많다. 남아프리카 공화국의 요하네스버그Johannesburg, 탄자니아의 아루샤Arusha, 잠비아의 루사카Lusaka 등은 모두 해발 1,500미터가 넘는다.

우리는 보통 아프리카라 하면 폭염과 가뭄을 떠올리지만 사실 고정 관념이다. 아프리카를 다룬 영화를 보면 천장에 달린 큰 선풍기가 빙빙 돌아가는데 이는 더워서라기보다, 모기를 쫓기 위한 장치다. 물론 아직도 많은 지역의 사람들이 가난과 질병으로 힘들어하고, 특히 서아프리카 국가들은 기아와 내전으로 고통받고 있다. 하지만 많은 사람들은 인간이 살기에 가장 적합하다는 '열대기후 고원 지대'에 살고 있다.

고원 지대가 주는 이점은 시원한 기후만이 아니다. 2006년 도하 아시안게임에서 마라톤을 비롯한 육상 중장거리 종목을 카타르Qatar 선수들이 모두 석권했는데 사실 그들은 모두 케냐 출신이다. 중동의 산유국이 아시안게임을 앞두고 이들을 대거 스카우트해 귀화시킨 다음, 출전하게 했다. 그뿐 아니라 케냐 선수들은 2006년에는 세계 5대 마라톤 대회 가운데 보스턴, 런던, 시카고 대회에서 우승을 차지했다. 케냐 선수가 이렇듯 잘 달리는 비결은 무엇일까? 바로 해발고도가 높은 데서 나고 자란 덕분이다.

숨을 크게 한번 들이쉰 다음 내쉬지 말고 참아보자. 얼마나 견딜 수 있을까? 몇 분 지나지 않아 다시 숨 쉴 수밖에 없을 것이다. 대개의 포유동물도 인간과 비슷해서 4분 이상 호흡을 멈추면 생명을 지속하기 힘들다. 특히 많은 에너지를 소비하는 운동선수에게 산소의 흡수, 즉 호흡은 가장 중요한 과제 가운데 하나다.

나이로비처럼 고도가 높은 곳은 평지에 비해 기압이 낮아서, 공기 중의 산소량 또한 적다. 이러한 환경에서는 조금만 움직여도 숨이 가빠진다. 좀 더 많은 산소를 마시기 위해 호흡이 빨라지는 것이다. 하지만 그런 환경에 놓인 뒤 오랜 시간이 지나면 몸이 적응한다. 우선 허파의 능력이 향상된다. 실제로 고산 지대 사람들은 부족한 산소를 최대한 이용하기 위해 가슴이 두꺼운 '통짜'로 진화했다.

또 혈관 수도 늘어났으며 온몸에 산소를 공급하는 헤모글로빈이 증가해서 산소 운반 능력도 향상되었다. 그래서 같은 횟수로 호흡해도 평지 사람보다 많은 산소를 전달할 수 있다. 케냐 사람들은 이렇듯 환경에 적응해, 고지대든 평지든 호흡하는 데 어려움을 겪지 않는다.

그래서 우리나라 운동선수들도 기량을 향상하기 위해 고지대로 훈련을 떠난다. 그러나 모든 선수들이 좋은 결과를 얻지는 못한다. 인체는 아주 천천히 적응하기 때문에 고도가 갑자기 높아지면 신체가 감당하지 못해, 때론 목숨을 잃기도 한다. 산소가 부족해 신체에 부담이 가면 훈련의 강도가 감소하고, 심하면 고산병이 발생해 훈련을 멈춰야 하는 결과를 낳는다. 또 기온이 낮기 때문에 저체온증에 걸리는 사태도 벌어진다. 잘못 설계된 고지대 훈련은 오히려 선수에게 도움이 되지 않는다.

마사이족의 점프에 숨은 비밀

나이로비 시내에 도착해 짐을 푼 뒤, '보마스 오브 케냐Bomas of Kenya'로 향했다. 보마Boma는 스와힐리어로 '집'이라는 뜻으로, 보마스 오브 케냐는 시내 남쪽 나이로비 국립공원 정문 근처에 있다. 이곳은 케냐의 16개 대표 부족의 전통적인 부락과 생활상을 전시하는 일종의 '민속촌'이다.

현재 케냐는 마흔 개가 넘는 부족이 함께 살아가는 국가다. 키쿠유족이 최대 부족으로 20퍼센트를 이루고, 그 외에 루오족, 루야족, 캄바족, 카렌진족, 마사이족 등이 있다. '보마스 오브 케냐'에서 만난 아프리카 전통 부족의 삶은 매우 흥미로웠다. 가족 단위로 큰 울타리를 만들고 여

빅토리아 호수 주변의 루오족이 지은 집은
빗물이 빨리 흘러내릴 수 있게 지붕이 뾰족하다.

러 부인과 자식들이 각자 오두막을 짓고 사는 형태다.

부인이 여럿이라는 말에 반감을 갖는 사람도 있겠지만 일부다처제는 노동력이 필요하던 시절에 자녀를 많이 얻기 위해서 생긴 풍습이다. 부족마다 고유한 결혼 관습이 있는데 공통점은 신랑집에서 신부집에 지급하는 일종의 '신부 대금'이 꼭 있어야 한다는 것이다. 마사이족은 결혼 후에 재산인 소가 불어나면 부인을 한 명씩 늘려 나간다. 소를 많이 가지고 있을수록 여러 부인을 얻을 수 있다. 가난하다면 차라리 신부를 훔쳐 오는 일이 더 쉬울지도 모른다.

마사이족 마을에도 나무 울타리 안에 부인들의 오두막이 옹기종기 있었다. 서열순으로 오두막 크기가 결정되어서, 마사이족의 첫 번째 부인의 오두막이 가장 크다고 한다. 집은 목축하는 부족답게 소똥으로 벽을 발랐으며, 천장이 낮고 보온에 신경을 썼다. 세심하게 바른 소똥벽은 기온이 떨어지는 밤에 집안의 열기가 밖으로 나가지 않게 해준다. 허리를 숙이고 들어가니 불을 쓸 수 있는 부엌과 두세 사람이 겨우 앉을 만한 공간뿐이다. 빅토리아 호수 주변에 사는 루오족의 집은 비를 막는 데 신경을 쓴 점이 특징이었다. 지붕이 뾰족하고 높아서 빗물이 바로바로 흘러내린다. 다른 부족도 대부분 짚을 덮은 오두막 형태지만 지역에 따라 조금씩 모양이 달랐다.

원형극장에서는 각 부족의 민속악과 전통춤을 공연하고 있었다. 주로 남녀가 짝을 지어 춤을 추는데 왔다갔다 실랑이를 벌이다가 결국 짝

020
021

을 이루는 줄거리다. 무용수의 화려한 의상 속의 검은 피부가 터질 듯 건강하다. 카렌진족 무사의 춤은 격렬하다 못해 두렵기까지 하다. 엠부족은 흥겹게 북을 연주한다. 리듬에 맞춰 신나게 몸을 흔드는 모습을 보니 아프리카 특유의 열정과 힘이 느껴진다.

마사이족은 트레이드마크인 체크무늬 빨간 천을 두르고 알록달록한 구슬 목걸이를 걸고 나왔다. 다른 부족에 비해 확실히 키도 크고 말랐다. 남자 무용수는 제자리 뛰기를 하는데 1미터는 넘게 뛴다. 긴 다리에 스프링 기능도 있는 것은 아닐까? 마사이족처럼 제자리 뛰기를 하려면 하체를 강한 반동으로 밀어줄 수 있는 다리 힘이 필요하다. 하지만 제아무리 높이 뛰는 마사이족도 벼룩에 비하면 어림없다.

벼룩은 몸길이의 100배를 뛴다. 길이가 1~3밀리미터밖에 안 되는 벼룩이 10~30센티미터를 뛰어오른다. 벼룩의 능력을 사람 몸으로 말하자면 사십 층 건물 높이만큼의 점프다. 이처럼 놀라운 도약력의 비

늘씬한 키와 엄청난 점프력! 마사이족은 하체를 높이 밀어주는 다리 힘을 가졌다. 사진은 마사이족 마을에서 찍었다.

밀은 벼룩의 다리 근육에 있는 '레실린Resilin' 이라는 고무단백질에 있다. 레실린이 힘을 받아 압축됐다가 순식간에 늘어나면서 엄청난 점프가 가능하다. 이 단백질은 고무 못지않은 신축성이 있어서 잡아당겼다가 놓으면 저축된 에너지의 97퍼센트까지 방출하는 놀라운 탄성력을 자랑한다. 그러나 벼룩은 매우 작기 때문에 육안으로 점프를 확인하기란 쉽지 않다.

나이로비 시내로 돌아오니 마침 화요일이라 마사이 마켓이 열렸다. 유목 생활을 접고 정착한 마사이족이 집에서 직접 만든 수공예품을 내다 파는 곳이다. 시장이라 하지만 공터에 바글바글 모여 각자 보따리를 풀어놓고 물건을 파는 것이다. 이름에 마사이족이 들어가지만 다른 부

여행에서 시장 구경만큼 흥미로운 코스도 드물다.
마사이 마켓에서는 화려한 색깔의 천과 멋진 수공예품이 시선을 사로잡았다.

마사이족이 나무를 깎아 만든 아프리카 초원의 동물들.
'지름신'이 강림해 하나 구입했지만, 여행 내내 짐이었다.

족의 상인도 함께 장사하고 있었다. 눈에 띄는 것은 마사이족 특유의 새빨간 천이었다. 담요도 되고 치마도 될 수 있을 것 같아 체크무늬 천을 하나 사서 둘렀다. 사자는 마사이족의 붉은 망토만 봐도 피한다고 하니 호신용으로도 그만이다.

구슬을 꿰어 만든 팔찌며 목걸이, 동물 모양의 조각, 가죽으로 만든 북, 천 위에 마사이족을 그린 그림, 집에서 쓰다가 가지고 나온 듯한 냄비 등 별별 물건들이 다 있다. 나무로 만든 기린 조각을 보고는 한눈에 반해 버렸다. 내가 관심 있다는 것을 단번에 눈치 채고는 귓불이 늘어지도록 큰 귀걸이를 한 아줌마가 다가왔다. 눈이 마주치고 '카리부(안녕)'라는 한 마디로 시작된 호객행위에 나는 걸려들고 말았다. 사지 않아도 되니 기념 촬영이나 하잔다. 그때 거절했어야 했다.

그날 산 기린은 여행 내내 부담스러운 짐이었다. 배낭에 들어가지 않아 항상 손에 들고 다녀야 했고, 결국 탄자니아의 잔지바르^{Zanzibar}로 가는 배 위에서 목이 부러진 기린을 인도양에 수장시켜야 했다.

눈 덮인 킬리만자로, 그러나 표범은 없다

적도에 만년설이?

케냐에서 탄자니아로 가는 가장 일반적인 방법은 국경도시 나망가^{Namanga}를 통과하는 나망가 루트다. 나이로비에서 나망가를 거쳐 아루샤나 모시^{Moshi}까지 운행하는 버스를 쉽게 볼 수 있다. 버스를 타니 안내원으로 보이는 아가씨가 승객들에게 콜라나 오렌지 탄산음료를 한 병씩 나눠주었다. 그것도 뚜껑을 따고 빨대까지 꽂아서. 서비스인 듯했는데 한 병을 다 마시라니 들고 있는 것만으로도 부담스럽기 짝이 없었다. 비행기도 아니고 버스의 음료 서비스는 처음 받아본다.

도로변을 걷고 있는 사람들은 모두 야생동물의 습격으로부터 자신을 보호할 막대기를 하나씩 지니고 있었다. 마침 붉은 망토를 입은 마사이족 사람들이 지나간다. 부근에 마을도 없는데 어디로 가는 것일까? 마사이족은 하루에 몇십 킬로미터를 걸어 다닌다고 하던데 탄자니아 국경까지 가는 게 아닐까?

세 시간 후 국경에 도착했다. 케냐와 탄자니아의 출입국관리사무소는 국경을 사이에 두고 마주보고 있다. 한 발자국만 넘으면 다른 나라라는 사실이 신기했다. 버스에서 내려 우선 케냐 출입국관리사무소에서 출국 수속을 하고, 다시 버스로 국경을 넘어 탄자니아 출입국관리사무소에서 입국 수속을 했다. 버스 승객 모두가 우르르 내려서 절차를 밟는 모습이 마치 다국적 단체 관광객 같다.

탄자니아 출입국관리사무소에서 한국인 일행을 만났다. 모두 코끝

킬리만자로로 향하던 길에 만난 마사이족 여인들. 붉은 망토를 휘날리며 경쾌하게 걸어가고 있었다.

이 벗겨지고 까맣게 그을린 얼굴이었다. 킬리만자로 등반을 마치고 오는 길이라 했다. 첫 번째 산장까지만 갈 것이라는 우리의 소박한 계획을 이야기했더니 정상에 섰을 때의 벅찬 감동을 이야기하면서 4박 5일 일정의 등반을 꼭 해보라고 권했다. 대부분의 외국인은 5박 6일 동안 산행하는데, 우리나라 사람들은 일반적으로 4박 5일이다. 일정이 길어지면서 늘어나는 입산 비용과 가이드, 짐꾼의 일당도 문제겠지만 무엇보다도 우리나라 사람들의 급한 성격 때문이지 싶다.

국경에서 다시 네 시간을 달려 아루샤에 도착했다. 세렝게티와 킬리만자로의 중간 지점에 있기 때문에 많은 관광객이 이곳에 머무른다. 우리도 원래는 아루샤에 숙소를 잡을 생각이었지만, 얼마 전부터 외국 관광객을 대상으로 강도나 절도가 잦다는 소문을 듣고 모시로 옮기기로 했다. 킬리만자로 등반의 거점도시인 모시는 명소인 시계탑을 중심으로 바퀴살처럼 뻗어 나간 아담한 도시였다.

아루샤에서 모시로 가는 왼쪽으로 메루(Meru, 해발 4,566미터)산이, 앞쪽으로는 킬리만자로가 우뚝 솟아있었다. 뾰족한 산이 아니라 거대한 절벽을 펼쳐놓은 모양이다. 이렇게 멀리서도 보이니 굉장한 산세다. 킬리만kiliman은 현지어로 '언덕'을 뜻하고, 자로jaro는 '멀리서 볼 수 있는'이라는 뜻이니 '멀리서도 볼 수 있는 산'이 킬리만자로다. '빛나는 산'이나 '위대한 산'은 의역인 셈이다. 킬리만자로는 화산 세 개가 합쳐져 남동쪽으로 넓고 길게 분포해있다. 서쪽부터 시라(Shira, 해발 3,962미터), 키

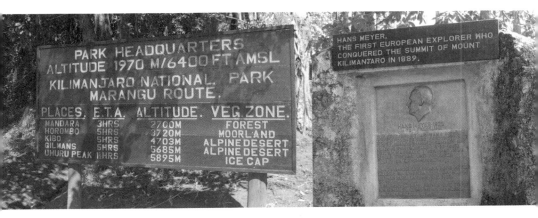

마랑구 게이트에서 만년설을 보기 위한 첫 걸음을 뗐다.
적도에 만년설이 있다는 사실을 세계에 알린 한스 마이어의 기념비가 보였다.

보(Kibo, 해발 5,895미터), 마웬지(Mawenzi, 해발 5,149미터) 봉우리가 있고,

만년설로 덮인 키보가 가장 높다. 그 정상을 우후루Uhuru라 부른다.

　세 봉우리에는 전설이 있다. 옛날에 키보와 마웬지라는 형제가 있었

는데, 게으른 마웬지는 늘 형인 키보에게 불씨를 빌려달라고 했다. 어느

날 마웬지가 하루에 세 번이나 불을 꺼뜨리고 또 빌리러 오자, 화가 난

키보는 마웬지의 머리를 후려쳤다. 그래서 지금처럼 마웬지의 정상이

찌그러졌다는 이야기다.

　킬리만자로는 1848년 독일 선교사 레프만Johannes Rebman과 크라프Johann L.

Krapf에 의해 처음 유럽에 알려졌으나, 사람들은 아프리카에 만년설이 쌓

인 산이 있다는 사실을 믿지 않았다. 하지만 1889년 독일 지리학자 한스

킬리만자로 국립공원 정문을 지나자 울창한 원시림이 펼쳐졌다.
헤밍웨이가 이야기했던 킬리만자로 표범을 만날 수 있을까?

마이어^{Hans Meyer}가 우후루에 올라 킬리만자로의 만년설을 증명했다.

지구에서 가장 더운 적도 부근의 킬리만자로 정상이 언제나 눈이 덮여있다는 사실을 어떻게 설명할 수 있을까? 이는 대류권의 기온 분포로 풀어볼 수 있다. 대류권에서는 고도가 높아질수록 기온이 점점 낮아지는데, 지역과 기압에 따라 차이는 있지만 하늘로 1킬로미터씩 올라갈 때마다 기온은 약 6.5도씩 낮아진다. 약 10킬로미터 상공을 날아가는 비행기의 외부 온도가 대략 영하 40도인 이유도 이 때문이다.

산 아래 온도가 30도라고 해도 고도가 약 6,000미터에 달하는 킬리만자로 정상의 기온은 영하 10도에 가깝다. 게다가 정상에는 바람까지 강하게 불어 하늘에서 떨어지는 물방울이 비가 아니라 눈으로 쌓인다. 만년설이라 불리지만 만 년 전에 내린 묵은 눈이 아니다. 아래쪽 눈은 지열로 천천히 녹고, 위쪽에는 새로운 눈이 계속 쌓인다. 사라진 양만큼 하늘에서 다시 눈이 내려서 변하지 않는 것처럼 보일 뿐이다.

킬리만자로에 오르는 등반 루트는 가장 일반적인 '마랑구 루트'를 포함하여 모두 여섯 개다. 완만한 '마랑구 루트', 오르기는 힘들지만 경치가 좋은 '움브웨 루트'와 '시라 루트', 가팔라서 고산병 증세를 겪기 쉬운 '마차메 루트', 산을 가로지르는 '므웨카 루트', 그리고 '롱가이 루트'가 있다.

우리는 경사가 가장 완만하고 쉬운 마랑구 루트를 통해 킬리만자로에 오르기로 했다. 일명 '코카콜라 루트'로 불릴 정도로 가장 쉬운 코스지만, 산행을 싫어하는 나에게는 충분히 버거운 길이다. 정상까지는 보통 5박 6일이 걸리고 전문 산악인이 아닌 사람도 오를 수 있는 루트지만 해발 3,000미터가 넘으면 많은 사람들이 고산병 증세를 보여 도중에 포기한다고 한다. 실제로 산을 오르면서 가끔씩 짐꾼들이 들것에 고산병 환자들을 싣고 내려오는 것을 볼 수 있었다. 일단 고산병 증세가 나타나면 두통과 구토를 참을 수 없어 산을 내려오는 수밖에 달리 방법이 없다.

세계적인 명산, 킬리만자로에 오른다 생각하니 전날부터 긴장이 되었다. 아직은 낮은 고도라 고산병 걱정은 없었지만 컨디션 조절을 위해 이 지방의 특산물인 '킬리만자로' 맥주를 보고도 꾹 참았다.

드디어 다음 날! 버스를 타고 모시 시내에서 킬리만자로 등반의 출발점인 마랑구 게이트(Marangu gate, 해발 1,829미터)까지 달렸다. 드넓게 펼쳐진 황토색 대지와 초목을 볼 수 있었다. 공원 사무소에서 입산 등록을 했다. 킬리만자로가 국립공원으로 지정된 이후, 각 등산로마다 하루 등산객을 60명만 받고 있다. 짐도 사람마다 20킬로그램으로 제한하는데 실제 짐꾼들이 짊어지고 가는 무게는 그 두 배는 되어 보였다. 입구는 아열대 우림이었다. 어찌나 무성한지 하늘이 보이지 않았다. 덕분에 뜨거운 햇빛은 피할 수 있었지만 공기가 습해서 얼굴이 훅훅 달아올랐다.

울창한 나무숲에는 덩굴들이 치렁치렁 늘어지고, 이끼가 잔뜩 붙어 있어 으스스하다. 가끔 소리 지르며 덩굴 사이를 건너다니는 원숭이들을 볼 때면 소스라치게 놀란다. 아무래도 혼자 걷기에는 무서운 길이다.

지구 생태계가 오롯이 옮겨진 곳

킬리만자로 정상으로 오르는 길은 적도에서 북극으로 여행하는 코스와 마찬가지다. 높이마다 다양한 기후와 식생이 나타나기 때문이다. 마랑구 게이트에서 만다라 산장까지의 원시림을 지나면, 호롬보 산장까지 울창한 관목 지대가 나타난다. 그리고 다음 키보 산장까지는 고산성 사막 지대다. 이곳은 밤마다 땅속 수분이 얼었다 녹았다 하기 때문에 식물들이 뿌리 내리기 힘들다. 그래서 단단히 박혀있는 바위 주변에만 식물이 자란다. 화산재로 이루어진 경사지대를 올라 길만 포인트Gilman Point에 도달하면 정상인 우후루까지는 빙하로 덮인 용암 지대다.

산행은 각오(?)했던 것보다는 힘들지 않았다. 산에서 만난 모든 사람은 등산객이든 짐꾼이든, 국적에 관계없이 '잠보(안녕)'라고 인사를 주고받았다. 얼굴을 보면 정상에 오른 사람과 그렇지 못한 사람을 구별할 수 있었지만, 대부분 밝은 표정이었다. 의욕이 앞서 조금 빨리 걸었더니 가이드가 "뽈레뽈레"를 외친다. '천천히'라는 뜻이다. 급격한 고도차는 없지만 서두르지 않고 천천히 오르는 방법이 고산병을 피하는 최선이다.

우리는 달랑 카메라만 들고 오르면서도 헉헉거리는데, 도시락을 든 짐꾼과 가이드는 가끔 손수건으로 이마의 땀을 닦을 뿐이었다. 중간중간 쉬면서 우리에게 과일과 물도 건네준다. 상당히 무거운 짐을 지고 오르는 다른 짐꾼도 이골이 났는지 편안해 보이기까지 했다. 가이드인 샘슨은 깊게 팬 주름 때문에 50대인 줄 알았는데 30대 후반이라고 했다.

킬리만자로 등반에서는 가이드와 짐꾼이 반드시 동행해야 한다.
아무리 익숙하다 해도 무거운 짐을 짊어지고 킬리만자로를 오르기란 쉽지 않을 터,
안쓰러운 생각이 들었다.

한 달에 두세 번씩 정상을 오르내리다 보니 만년설에 반사된 자외선에
오래 노출되어 노화가 빨리 진행된 모양이다. 악수하면서 손등을 보니,
거북이 등껍질처럼 딱딱하고 거칠다.

　가이드의 일당은 우리 돈으로 만 원도 되지 않는다고 한다. 우리가
지불한 돈의 대부분은 여행사 사장의 몫이다. 안타깝지만 허가받은 소수
의 사업자만이 가이드를 고용해 안내할 수 있기 때문에 어쩔 수 없다. 무
거운 짐을 짊어진 짐꾼의 일당은 가이드의 절반 수준이라니 미안한 생각
마저 들었다. 짐꾼은 가이드가, 가이드는 허가받은 사업자가 꿈이다.

　등반을 시작한 지 네 시간 만에 아열대 우림을 벗어나 탁 트인 전망
이 시작되는 곳에 닿았다. 언덕에는 A자형의 통나무집이 줄지어 선 만
다라(Mandara, 해발 2,700미터) 산장이 있었다.

우리는 그곳에서 짐꾼들이 준비한 도시락으로 점심을 먹었다. 샌드위치 두 조각과 바나나, 음료수, 닭다리 한 개. 안내 비용을 싸게 흥정해 좋았는데 도시락은 영 부실하다. 그나마 가이드와 짐꾼들은 굶어야 했다. 점심 한 끼 값이 그들의 하루 일당이기 때문이다. 그렇다고 안내 비용에 그들의 점심 값을 포함하는 일도 쉽지 않고, 가이드와 짐꾼 또한 밥을 얻어먹느니 돈을 더 받으려 하니 불편하고 쉽지 않은 문제다. 결국 입맛에 맞지 않는 샌드위치를 나누어 먹으며 스스로 위안을 삼았다.

산장에서 산등성이를 지나 십여 분 정도 올라가니 이름 모를 꽃들이 지천으로 피어있는 마운디 분화구(Maundi Crater, 해발 2,800미터)를 만날 수 있었다. 만년설을 뚜렷하게 보고 싶었지만 바람이 빠르게 지나가며 구름떼를 몰고 다녀 정상의 모습은 나타났다 사라졌다를 얄밉게 반복하고 있다. 막상 여기까지 오르니 정상까지 오르고 싶은 욕심도 생겼지만 아쉬움을 남긴 채 하산을 서둘렀다.

드디어 도착한 만다라 산장! 도시락을 먹고 방명록에 내 이름도 남겼다.
방명록에는 전 세계 여행자들의 이름이 빼곡했다.

만다라 산장에는 세계 각국의 사람들이 모여있었다.
오직 '킬리만자로의 만년설'을 보기 위해 먼 길을 달려왔을 여행자들.

표 범 을 타 고 아 프 리 카 초 원 으 로

원래 아프리카 최고봉인 킬리만자로와 두 번째로 높은 케냐산 모두 케냐의 영토였다. 당시 케냐는 영국령이었고, 그와 인접한 탕가니카(지금의 탄자니아)는 독일의 지배를 받고 있었다. 영국의 여왕과 독일의 황제는 숙모와 조카 사이였는데 산을 좋아하는 조카가 숙모에게 킬리만자로와 케냐산 중 하나만 달라고 졸랐다. 조카를 사랑했던 영국 여왕은 킬리만자로가 탕가니카에 속하도록 지도에 자를 대고 그어 국경을 변경했다. 이로써 아프리카의 왕관 킬리만자로는 생일 선물로 탄자니아에 넘어갔으니, 식민 지배의 슬픈 현실이 아닐 수 없다.

'아름다운 기적'을 확인하다

"킬리만자로의 정상 부근에는 말라 얼어붙은 표범의 시체가 하나 있다. 그 높은 곳에서 표범은 무엇을 찾고 있었던 것일까……." 헤밍웨이Ernest Hemingway의 소설 〈킬리만자로의 눈〉에 나오는 구절이다. 그레고리 팩 주연의 영화로 더욱 잘 알려진 이 소설에서 주인공은 사냥 여행을 나섰다가 킬리만자로 기슭에서 패혈증(敗血症, 상처로 병원균이 침투해 혈관을 타고 온몸으로 퍼져나가는 중독 증상)에 걸려 죽음의 고비에 이른다. 삶의 극한에서 지난날을 회상하며 비로소 인생에 눈을 뜬다는 내용이다.

그러나 우리나라에서는 소설보다 조용필의 히트곡 〈킬리만자로의 표범〉이 더 유명하다. "짐승의 썩은 고기만을 찾아다니는 산기슭의 하이에나. 나는 하이에나가 아니라 표범이고 싶다. … 눈 덮인 킬리만자로의 그 표범이고 싶다."라는 내용의 독백으로 시작해 세상살이에 지친 사람들의 방황과 꿈, 희망을 대변하는 듯한 비장한 가사가 이어진다. 썩은 고기 같은 손쉬운 먹잇감을 찾는 하이에나처럼 현실의 이익만을 좇지 않고, 삶의 목적과 자신의 꿈을 찾아가겠다는 이야기다. 꿈을 이루지 못한다 해도 정상에서 죽은 표범처럼 끝까지 노력하겠다는 다짐이다.

노래 주인공인 표범도 알고 보면 대단한 미식가다. 표범은 사냥으로 얻은 먹이를 도둑맞지 않기 위해, 일단 높은 나뭇가지 위로 옮겨 한참을 걸어둔다. 우리가 와인에 삼겹살을 재워두듯이 표범도 고기를 숙성시키는 것이다. 죽은 지 얼마 안 된 고기는 질기지만, 한숨 자는 동안 나뭇가지에 걸어 숙성을 시키면, 연하고 맛있는 먹이가 된다. 그러므로 숨을 만한 숲도, 고기를 걸어놓을 나무도 없는 킬리만자로 정상에서 표범은 살 수 없다. 그동안 수많은 등산객 중 정상에서 표범을 보았다는 사람은 아무도 없다.

헤밍웨이는 표범을 통해 죽는 순간까지 이상향을 좇는 인간의 삶을 말하고 싶었겠지만, 과학 선생 입장에서는 딴지(?)를 걸 수밖에 없다. 생뚱맞기는 하지만 표범이 화산탄과 바위로 이어지는, 인간이 걸으면 5박 6일이나 걸리는 기나긴 길을 올라 갈 이유가 없다. 모험심 강한 표범이 정상에 올라갔다 해도 기대한 것이 없었다면 내려오면 되지 굳이 정상에서 죽을 이유는 없다. 혹시 적에게 쫓기다 너무 급히 산을 올라서 고

킬리만자로에서 내려오는 길에 '차카족' 소년들을 만났다.
사진을 찍고 싶다는 내 말에 한동안 머뭇거리더니, 이내 활짝 웃어주었다.

산병에 걸려 죽었을 가능성은 있다. 이러한 나의 해석에 일행은 모두 비난을 퍼부었다.

내려오는 길에 차카족 소년들을 만났다. 차카족은 오래전부터 모시 부근에서 킬리만자로의 눈 녹은 물로 커피 농사를 지으며 살았다. 가이드들도 대부분 차카족이다. 둥근 코와 도톰한 입술의 아이들은 이름처럼 정말 '착하게' 생겼다. 어린아이들이 자신의 덩치만 한 나뭇짐을 해서 머리에 이고 내려오고 있었다. 가방에서 선물을 꺼내주면서 사진을 찍어도 되는지 물었다. 거절도, 승낙도 못하고 어쩔 줄 모르는 이 아이들에게 우리가 어떻게 보일까 미안했다.

내려오는 길은 훨씬 발걸음이 가볍다. 햇빛이 비추는 방향이 변해서

만년설로 덮여있는 아프리카의 지붕 킬리만자로.
환경오염이 계속된다면 적도의 아름다운 기적이 사라지고 말 수도 있다.

인지 올랐던 길이 아닌 것처럼 느껴졌다. 조용필의 노래를 멋지게 부르고 싶었으나 "짐승의 썩은 고기만을 찾아다니는 산기슭의 하이에나"라는 내레이션만 계속 중얼거릴 뿐, 노래는 도무지 기억이 나지 않았다. 이럴 줄 알았으면 노래방에서 연습이나 한번 하고 올걸.

정상까지 오른 사람들이 보기에는 우습겠지만, 우리는 숙소로 돌아와서 성공적인 산행을 축하하는 파티를 했다. 서너 시간의 등반이 전부였지만 아프리카의 지붕을 밟았다는 사실만으로도 기분이 좋았다.

킬리만자로의 만년설은 매년 그 크기가 줄어들고 있다. 실제로 킬리만자로 정상부의 얼음은 지난 80년간 82퍼센트가 사라졌다고 한다. 지난해 국제연합환경계획UNEP은 무분별한 산업화와 산림 훼손이 계속 진행된다면, 아프리카 대륙의 최고봉인 킬리만자로와 케냐산의 만년설이 앞으로 25~50년 안에 사라질 것이라고 경고했다.

비단 킬리만자로의 만년설뿐만 아니라 계속되는 온난화와 이에 따른 기상이변은 인류의 미래를 위협하고 있다. 나중에 다시 킬리만자로를 찾는다면 만년설은 사라지고 없을지도 모른다. 그렇다면 미래에 우리 아이들은 적도에도 눈 쌓인 산이 있다는 말을 '새빨간 거짓말'로 여길 것이다. 킬리만자로를 직접 눈과 발로 확인하고 돌아온 날, 자연의 그 엄중한 경고는 머릿속을 떠나지 않았다.

 킬리만자로에 오르는 길

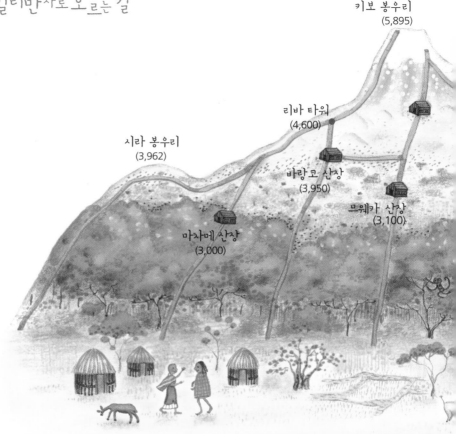

키보 봉우리
(5,895)

리바 타워
(4,600)

시라 봉우리
(3,962)

바랑코 산장
(3,950)

므웨카 산장
(3,100)

마차메 산장
(3,000)

1. 저지대(800~1,800미터)

우림 지대에서 내린 빗물이 땅속으로 흘러 내려와서 땅이 비옥하다. 식물이 잘 자라서 농지와 마을이 있다. 커피와 옥수수 등을 재배하는 차카족을 만날 수 있다.

2. 우림 지대(1,800~2,800미터)

본격적인 산행이 시작되는 구간이다. 만다라 산장까지는 울창한 숲과 넝쿨로 싸여있다. 나무 그늘에 햇빛이 차단되어 습도가 높고, 낮에도 15~20도를 유지한다. 다양한 원숭이들이 무리를 지어 사는데, 인기척이 나면 재빨리 나무 뒤로 숨어버린다.

3. 관목 지대와 풀밭 그리고 황무지(2,800~4,000미터)

만다라 산장에서 출발해 호롬보 산장에 이르는 구간. 지루할 정도로 완만한 경사가 이어

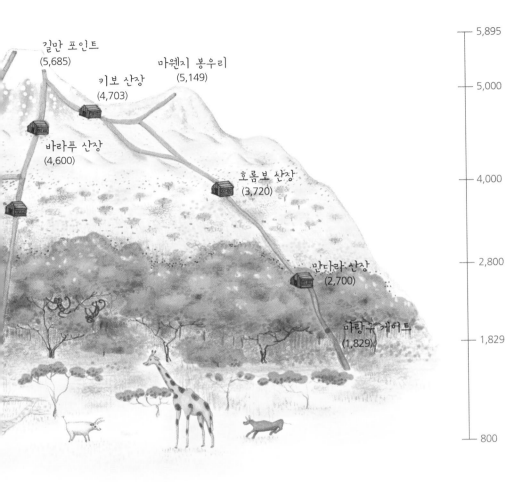

지는데, 키 작은 나무와 다양한 야생화가 자란다.

4. 고산 사막 지대(4,000~5,000미터)

일교차가 심해서 낮에는 여름, 밤에는 겨울로 느껴질 정도다. 자외선이 강하고 건조하다. 낮에는 40도까지 올라가고 밤에는 0도 이하로 떨어진다.

5. 정상(5,000미터 이상)

밤에는 추위로 얼어붙고 낮에는 햇빛에 녹는다. 지상의 반 정도에 해당하는 산소가 있고, 기압이 낮아서 주변에 물이 존재하지 않는다. 잠시 비가 내린다 해도 눈과 얼음으로 변해버린다.

기린은 고혈압 환자일까?

새들아! 김~치!

2박 3일 일정으로 사파리를 떠나는 날이다. 첫째 날 마냐라^{Manyara} 호수 국립공원을 둘러보고, 둘째 날 세렝게티^{Serengeti} 국립공원에서 사파리, 마지막 날 응고롱고로^{Ngorongoro} 분화구를 여행하는 일정이다. '사파리'는 스와힐리^{Swahili}어(아프리카 동남부의 공통어)로 '여행'을 뜻하는 말이다.

천장에 뚜껑을 달아 사파리용으로 개조한 사륜 구동차에 나누어 탔다. 국립공원에 들어가려면, 반드시 등록된 가이드의 안내에 따라 사파리용으로 개조된 사륜 구동차를 타야 한다. 이동 중에 모래에 빠지는 낭패를 막기 위해서다. 개별 여행은 불가능하다 보니, 모시와 아루샤에는 사파리 전문 여행사가 경쟁하듯 몰려있다.

마냐라 호수 국립공원을 향해 달리다가, 거대한 바오바브나무 앞에 가이드가 차를 세웠다. 생텍쥐페리의 소설 《어린 왕자》에 나오는 바로 그

아프리카 풍광이 이색적인 이유는
우리나라에선 찾아보기 힘든 독특한 나무들 덕분이다.
마냐라 호수 국립공원으로 가는 길에 거대한 바오바브나무를 만났다.

사파리 전용 차량을 타고 마냐라 호수 국립공원에 도착했다.
아프리카 초원에서 만날 동물들 생각에 가슴이 뛰었다.

바오바브나무다. 수령이 600년이나 되었다는데, 어찌나 큰지 어른 열 명
이 손을 잡고 나무를 둘러도 서로 손이 닿지 않을 정도다. 소설에서는 뿌
리로 별에 구멍을 뚫는 무시무시한 나무로 나오지만, 아프리카에서는 신
성한 나무로 여겨 속을 파서 사람이 살거나 죽은 이를 묻기도 한다.

　전설에 의하면 신이 세상에서 제일 먼저 만든 나무가 바오바브나무
라고 한다. 그 다음으로 늘씬한 야자나무를 만들었는데 야자나무가 부

러웠던 바오바브나무는 신에게 자기도 큰 키를 갖게 해달라고 부탁했다. 그러나 바오바브나무는 여기에 만족하지 않고, 불꽃나무의 빨갛고 아름다운 꽃과 무화과나무의 풍성한 열매를 부러워하며, 신에게 자신도 꽃과 열매를 만들어달라고 졸랐다. 그 시기심에 화가 난 신은 바오바브나무를 뿌리째 뽑아서 더 이상 말을 하지 못하도록 거꾸로 심어버렸다. 그래서 바오바브나무는 마치 뿌리가 하늘로 향한 듯한 우스꽝스러운 모습이라고 한다.

모시를 출발한 지 한 시간 만에 아루샤에 도착했다. 사파리의 중심 도시답게 다양한 숙소와 대형마트 같은 편의시설이 잘 갖추어져 있었다. 아루샤에서 다시 서쪽으로 두 시간쯤 달리니 공원 입구가 나타났다. 숲으로 둘러싸여 인공적으로 만든 울타리는 없지만, 인원을 점검하고 입장료를 받는 작은 사무소가 있다. 수속을 마치고 공원으로 들어섰다. 차량의 천장을 위로 힘껏 밀어 올리고 일어서니 멋진 전망대가 만들어졌다. 입구에서부터 빽빽한 숲과 야생동물들이 우리를 맞아주었다.

10미터는 되어 보이는 소시지나무의 열매는 정말 소시지처럼 먹음직스러워 보였다. 그러나 먹을 수는 없다고 한다. 숲속에는 이름처럼 머리에 노란 볏을 가진 관학이 우아하게 걷고 있었다. 선홍색의 고기주머니와 노란 빛이 도는 검정 꼬리 깃을 가진데다 키가 1미터나 되어 눈에 잘 띄었다. 이렇게 화려한 외모와 달리 관학의 울음소리는 깨진 나팔소리 같다고 한다. 하지만 우리 앞에서 그 나팔을 불어주지는 않았다. 비서세는 귀 뒤에 펜을 꽂고 있는 것처럼 보여 붙은 이름이다. 뱀잡이수리라고도 하는데 뱀이나 도마뱀을 발견하면 냉큼 달려가 잡아먹는다. 육식성이라 그런지 눈빛이 매섭다.

육상동물 가운데 가장 몸집이 크다는 아프리카코끼리가 정신없이 나뭇잎을 먹고 있었다. 하긴 저 덩치를 유지하려면 하루 종일 먹어야 할 것이다. 안내책자에는 이곳 마냐라 호수 국립공원은 '나무 위에 앉아있는 사자'로 유명하다는데 직접 볼 수는 없었다.

숲을 나오니 드넓은 초원과 마냐라 호수가 펼쳐졌다. 호수 근처에는 수많은 얼룩말과 누 떼가 풀을 뜯고 있다. 동아프리카의 다른 호수들처럼 마냐라 호수도 대지구대(大地溝帶, 지각판이 분리되어 움푹 꺼져있는 지역)에 의해 대륙이 동서로 나뉘고 그 틈에 물이 고여 만들어졌다. 이런 지각판의 분리는 지금도 계속되고 있기 때문에 마냐라 호수는 갈수록 그 면적이 넓어지고 있다.

맛있는 소시지가 주렁주렁 매달려있는 듯한 소시지 나무와 우아하게 걸어다니는 관학.

마냐라 호수는 얼룩말과 영양을 비롯한 다양한 동·식물들의 삶의 터전이 되어준다.

대지구대 활동으로 만들어진 호수는 수심도 매우 깊다. 탄자니아와 콩고 공화국 사이에 자리한 깊이 1,470미터의 탕가니카^{Tanganyika} 호수는 시베리아의 바이칼^{Baikal} 호수 다음으로 깊다. 호수 바닥에 침전물이 수백 미터나 쌓여있다는 최근 연구 결과를 감안하면 실제로는 훨씬 더 깊은 셈이다.

하마는 뜨거운 햇볕을 피해 물속에서 쉬고 있었고, 분홍색 홍학은 한가로이 호숫가를 거닐고 있었다. 영화처럼 엄청난 숫자도 아니었고, 날지도 않았다. 꿈쩍하지 않고 한 다리로 서있을 뿐이었다. 로버트 레드포드처럼 시끄러운 경비행기라도 한 대 날려야 홍학이 무리 지어 날아오르는 장관을 볼 수 있을지 모르겠다.

"레지! 잠시 내려주면 안 돼요? 홍학만 잠깐 만나고 올게요."

"절대 안 됩니다. 언제 어디서 야생동물이 공격할지 몰라요. 여기는 동물원이 아닙니다."

당장이라도 호숫가로 뛰어들어 홍학을 날게 하고 싶었지만, 가이드는 단호하다. 하기는 순해 보이는 얼룩말도 뒷발 차기 한방이면 사람을 죽일 수도 있다. 가이드는 다시 '사파리 규칙'을 상기시킨다.

1. 지정된 도로를 벗어나지 말 것. 지금 당신의 타이어 자국이 가젤의 먹이를 밟고 있다.
2. 경적이나 헤드라이트 금지. 동물의 왕국에서는 그들의 법을 따라야 한다.
3. 차 밖으로 나가지 말 것. 코뿔소가 당신의 엉덩이를 노리고 있다.
4. 동물에게 먹이를 주지 말 것. 동물들을 평생 먹여 살릴 자신이 없다면 그만둬라. 사람들에게 의지하는 습관은 동물의 생태계를 무너뜨린다.
5. 동물에게 너무 가까이 가지 말 것. 화가 난 사자가 당신의 사파리차를 들이받을 수 있다.

간절한 내 마음을 아는지 모르는지, 삼삼오오 무리지어 서 있는 홍학들은 부지런히 물속으로 고개를 파묻고 있었다. 호수에 부리를 꽂은 채 물을 빨아들이면 부리 안에 있는 여과기를 통해 먹이만 섭취하고, 물은 다시 토해낸다. 깃털과 다리, 눈까지 붉은 색을 띠는 홍학이지만 태어날 때부터 그런 것은 아니다. 갓 태어난 홍학의 털은 흰색이다. 홍학이 좋아하는 먹잇감인 조개, 새우, 남조류에는 붉은 색의 카로티노이드^{carotinoid} 계 색소가 많이 포함되어있다. 이렇게 섭취된 카로티노이드 색소의 영향으로 털갈이를 할 때마다 색깔이 짙어져 2~3년쯤 지나면 완전히 붉은 빛으로 변한다. 즉 먹이 때문에 붉은 털인 것이다.

홍학이 동아프리카의 호수 근처에 서식하는 이유도 이러한 먹이가 많기 때문이다. 반대로 홍학이 이런 먹이를 덜 먹으면 털갈이를 할 때 붉은 빛이 약해진다. 그래서 동물원에서는 홍학이 하얗게 변하는 일을 방지하기 위해 카로티노이드 색소를 먹이에 직접 섞어준다.

가이드는 "저 홍학 무리 중에서 대장을 찾으면 100실링을 주겠다."고 내기를 걸어왔다. 나는 망원경까지 동원해서, 가장 덩치가 크고 잘 생긴 놈을 대장으로 찍었다. 그런데 가이드는 덩치도 제일 작고 비쩍 마른데다 털도 듬성듬성 빠져 볼품없는 녀석을 대장으로 지목했다. 무리의 대장은 워낙 싸움을 자주 해서, 털도 빠지고 마른다고 한다.

목이 길어 슬픈 짐승은 기린

차를 타고 초원으로 들어서자, 기린이 우리를 맞이해주었다. 네 마리의 기린이 마치 그림처럼 줄지어 서있다. 긴 목을 꼿꼿이 세우고 살려면 피곤할텐데 언제 육식동물이 공격할지 모르니 밤에도 편히 잘 수 없다. 다

표범을 타고 아프리카 초원으로

리와 목이 길어서 누운 채로 잠이 들었다가는 일어나기도 전에 잡혀 먹히고 말 것이다. 그래서 기린은 언제라도 적들로부터 도망칠 수 있도록 선 채로 잠깐씩 잔다. 보통 한 번에 5분 정도씩 이런 선잠을 자주 자는데, 하루 서너 시간 정도다. 동물원에 사는 기린도 마찬가지다. 원래 겁이 많은 동물이라 동물원에서도 주위를 경계하며 언제라도 깨어날 수 있도록 얕은 잠을 잔다. 사람들이 꾸벅거리면서 졸 듯이 기린도 잠을 잘 때 목이 휘청거린다. 그래서 나무에 목을 기대고 자기도 한다.

기린은 키가 5미터가 넘고, 심장에서 머리까지 3미터나 된다. 사람의 경우, 혈액이 뇌로 잘 공급되지 않으면 빈혈로 쓰러지기도 하는데, 기린은 3미터나 되는 머리까지 어떻게 혈액을 공급할까? 기린의 혈압은 160~260밀리미터에이치지(mmHg, 혈압을 재는 단위)로 사람의 두 배나 된다. 11킬로그램에 달하는 기린의 거대한 심장은 강한 압력으로 머리까지 혈액을 밀어올린다. 이를테면 '고혈압'이다.

언뜻 생각하면 이렇게 혈압이 높으니 물을 마시기 위해 고개를 숙이면 엄청난 압력차로 혈압이 상승해서 곧바로 기절해야 한다. 그러나 물을 먹다 기절하는 기린은 없다. 앞다리를 옆으로 넓게 벌려 심장과 머리의 높이 차이를 줄여 머리에 피가 쏠리는 것을 막는다.

또 기린의 목정맥에는 머리가 심장보다 낮아질 경우, 피가 역류하지 않도록 즉시 닫히는 밸브가 있다. 게다가 목에는 촘촘한 그물 구조의 모세혈관이 발달해있는데, 이는 동맥으로 들어온 피가 갑자기 머리로 쏠리는 현상을 막아준다. 반대로 고개를 숙이고 물을 먹다가 육식동물의 공격을 받아 1~2초 사이에 고개를 번쩍 들어야 하는 순간에는, 강한 심장이 머리에 바로 혈액을 공급해 현기증을 느끼지 않는다.

기린의 목과 다리는 왜 길까? 진화론자들은 목과 다리가 짧은 조상에서 진화되었다고 설명했다. 물론 이를 입증할 만한 화석이 발견된 적은 없지만 말이다.

과학 교과서에서는 흔히 기린을 통해서 라마르크(Jean-Baptiste La-marck, 1744~1829)의 용불용설用不用說과 다윈(Charles Darwin, 1809~ 1882)의 자연선택설을 소개한다. 라마르크의 용불용설에 따르면 기린이 높은 곳에 있는 먹이를 먹으려다 목이 길어지고(이런 변화를 획득 형질이라 한다), 이 긴 목과 관련된 유전자가 후손에게 전달된다고 설명한다. 라마르크의 말대로라면 유능한 권투 선수의 튼튼한 팔이 그 자손에게 그대로 유전되어야 한다. 라마르크의 용불용설은 당시에는 정설로 받아들여졌지만, 다윈의 '자연선택설'이 발표된 후 사라졌다.

다윈이 주장한 자연선택설에 따르면, 목의 길이가 다양한 기린들이 살았는데(이런 다양성을 개체변이라고 한다), 목이 짧은 기린은 높은 나뭇가지의 잎을 따 먹지 못하면서 도태되고, 목이 긴 기린만 환경에 더 잘 적응해 오늘날처럼 되었다고 설명한다. 이것을 자연선택 또는 적자생존이라 부른다. 그러나 이 가설도 기린의 목이 길어진 이유를 설명할 수 없다. 후

천적 변이는 유전되지 않는다는 사실을 고려하지 않은 것이다. 목이 긴 기린만 살아남아 새끼를 낳는다 하더라도, 유전자의 변화가 없는 한 목이 짧은 기린도 나온다. 이를테면 엄마가 쌍꺼풀 수술을 했다고 아들딸이 쌍꺼풀을 갖고 태어나지 않는 것처럼.

우리가 잘 모르는 한 가지, 사실 라마르크와 다윈은 기린을 중요한 예로 다룬 적이 없었다. 이러한 잘못된 학설의 시작은 미국의 고생물학자 오즈번(Henry F. Osborn, 1857~1935)이 1917년에 발표한 《생명의 기원과 진화》에서 기린을 예로 다뤘기 때문이다. 사실 진화론 연구에 기린은 적절한 예가 아니다. 기린은 겨우 한 종種에 불과하며 가까운 종이 없기 때문이다. 유럽과 아시아에서 종종 화석이 발견되지만 증거로 제시하기에는 양이 너무 적어서, 어떻게 현재의 종으로 이어졌는지 확실하게 밝혀진 바가 없다.

우리가 화석으로 찾아낸 사실은 선조종보다 현생종이 목이 길다는 사실뿐, 왜 그렇게 되었는지는 알 수 없다. 기린은 긴 목을 다양하게 사용하기 때문이다. 높은 곳의 나뭇잎을 따 먹는 데만 편리한 것이 아니라, 암컷을 차지하기 위해 수컷들끼리 싸울 때도 중요한 역할을 한다. 수컷들은 서로 어깨를 맞대고 같은 방향으로 서서 큰 원을 그리며 목을 번갈아 부딪친다. 이것을 넥킹necking이라고 하는데, 먼저 물러서는 쪽이 지는 것이다. 격렬하게 다투다 한쪽이 죽기도 한다. 하지만 사자를 공격할 때 다리를 쓰는 것을 보면, 넥킹은 특정 상황에 맞춰 진화한 특수한

행동일 가능성이 크다.

그 외에도 긴 목은 몸의 표면적을 넓혀 열을 쉽게 발산한다. 그래서 아프리카의 다른 동물과 달리 그늘을 찾을 필요 없이 햇볕에 계속 서있을 수 있다. 무엇보다 긴 목은 감시탑의 역할을 해서, 멀리서 다가오는 사자를 살펴본다. 그러니 기린의 목은 우리의 상상과는 전혀 다른 이유로 길어졌을지도 모른다. 높은 곳에 있는 나뭇잎을 먹는 데 편리해진 것은 덤일 수도 있다. 진화는 우리 생각보다 훨씬 복잡한 이유로 일어난다는 사실의 좋은 예가 될 수 있다.

숲으로 난 길을 들어서니 어미 개코원숭이가 새끼를 안고 앉아있는데, 사람과 영락없이 닮았다. 한참을 보고 있다가 고개를 돌리는 순간, 앞에 펼쳐진 것은 몇 백 마리에 이르는 원숭이 무리였다. 엉덩이가 빨간 놈, 엉덩이에 굳은살이 생겨 검게 된 놈, 아기를 업고 가는 놈, 나무에 매달려있는 놈, 차가 지나도 비키지 않는 놈, 그리고 우리를 구경하는 놈…… 마치 영화 〈혹성 탈출〉처럼 원숭이들에게 포위되었다.

개코원숭이는 '바분baboon' 또는 '비비'라는 이름으로 알려져있는데, 보기와 달리 매우 사나운 짐승이다. 우두머리가 성난 자세를 취하면 일시에 모든 개코원숭이가 공격하기도 한다. 사람에게도 마찬가지여서, 개코원숭이에게 목숨을 잃는 경우도 종종 생긴다. 나뭇잎이나 과일, 나무열매뿐 아니라, 치타가 가젤이나 임팔라 등을 사냥하고 숨을 고르는 동안 얌체처럼 고기를 빼앗아 먹기도 한다. 하지만 영화 〈라이언 킹〉에

숲길로 들어서자 개코원숭이를 만났다.
친근한 이미지와 달리 성격이 매우 사나우니 조심해야 한다.

서는 심바를 도와주는 현명한 주술사 '라피키'로 나왔다. 라피키는 스
와힐리어로 '친구'라는 뜻이다.

개코원숭이는 적이 나타나면 경고음을 낸다. 가장 처음 발견한 원숭
이가 경고음을 통해 어떤 적인지를 알린다. 표범·독수리·뱀이 나타났
을 때 각각 경고음이 다르고 원숭이들의 행동도 변한다. 표범이면 가까
운 나무로 올라가 나뭇가지 끝으로 도망 가고, 독수리면 숲속으로 숨는
다. 뱀일 경우에는 뒷발로 서서 땅바닥을 살피는데, 원주민들은 표범이
나 치타를 찾을 때 개코원숭이의 경고음을 참고한다고 한다.

이번에는 〈라이언 킹〉에서 '품바'로 나왔던 워톡warthog이 지나간다.
꼬리를 바싹 치켜들고 엉덩이를 흔들며 분주하게 뛰는 모습이 무척이나
귀엽다. 워톡은 우리말로는 혹멧돼지라고 한다. 회색빛이 도는 다부진

엉덩이를 실룩거리며 뛰는 워톡.
삽처럼 생긴 머리로 굴을 파서 사는데, 송곳니가 매우 위협적이다.

몸은 어떤 맹수의 공격도 튕겨낼 듯 보인다. 굴을 파고 살아서 그런지 머리가 삽처럼 생겼다. 아래턱의 송곳니는 짧고 날카로우며, 위턱의 송곳니는 머리를 향해 길게 휘어졌다. 워톡의 송곳니에 당하면 사자조차도 치명상을 입는다.

디지털 카메라보다 더 신기한 머리카락

오늘 저녁은 응고롱고로 캠프에 텐트를 쳤다. 이름은 '응고롱고로'이지만 분화구가 아니라 마쿠유니Makuyuni라는 마을 근처에 있다. 운전사와 가이드가 도와주지만 텐트는 각자 치는 것이 원칙이었다. 화장실과 샤워실은 공동으로 이용해야 했다. 운전사와 텐트를 치는 동안 요리사는 저녁을 준비하기 위해 숯을 피웠다.

사파리의 가격은 천차만별이다. 네 시간에 350달러나 하는 열기구 사파리도 있지만, 대부분 캠핑Camping 사파리나 로지Lodge 사파리 중에 하나를 고른다. 캠핑 사파리는 우리처럼 텐트에서 생활하면서 욕실이나 식당을 공동으로 사용하고, 로지 사파리는 국립공원 내에 있는 호텔에서 훌륭한 식사를 먹고 수영장 시설을 사용하면서 여행을 즐긴다. 우리의 저녁식사가 스파게티와 숯불에 구운 닭인데 비해, 로지에서는 뷔페가 준비된다. 물론 비용은 3~4배의 차이가 있지만 같은 공원을, 같은 길로 다니기 때문에 기본적으로 보는 동물은 같다. 사파리 차량도 거의 차이가 없다.

텐트를 치고 요리사가 저녁을 준비하는 동안 마쿠유니 마을로 나갔다. 캠프장이 마을의 가장자리에 있기 때문에 걸어서 둘러볼 수 있었다. 집안을 보고 싶다고 청했지만 번번이 거절을 당했다. 몇 번의 시도 끝에 어느 가정집에 들어가 볼 수 있었다. 비교적 집도 크고 주인아주머니의 옷차림으로 보아 여유 있는 집이었다. 그러나 막상 안으로 들어가보니 다른 집처럼 거실은 흙바닥이었다. 한쪽에는 막걸리와 비슷한 술을 끓이고 있었다. 그다지 깨끗하지 않은 플라스틱 그릇에 한가득 떠주는데 지푸라기까지 떠있어 먹기가 쉽지 않다. 하지만 웃으며 건네는 아주머

캠프장 근처의 마쿠유니 마을에서 만난 아이들.
디지털 카메라보다 내 머리카락을 더 신기해 했다.

니의 술잔을 거절할 수 없어, 단숨에 들이켰다. 생긴 것처럼 걸쭉한 막걸리 맛이다.

아이들이 몰려들었다. 처음에는 경계하는 듯하더니, 디지털 카메라에 찍힌 자신들의 모습을 보여주니 신기해 한다. 포즈를 취하면서 사진을 더 찍어 달란다. 아이들에게 디지털 카메라보다 신기한 것이 바로 내 머리카락이었다. 자신들과 달리 곱슬거리지 않고 반들거리는 내 머리카락을 만지고 쓰다듬으면서, 웃고 난리법석이다.

캠프장으로 돌아와서 저녁을 먹고 두 명씩 짝을 지어 텐트로 들어갔다. 캠프장에는 조명시설이 거의 없기 때문에 손전등이 꼭 필요한데 어디다 흘렸는지 찾을 수가 없다. 어두운 텐트 속에서 더듬거리며 침낭으로 들어갔다. 중학교 걸스카우트 활동 이후 참으로 오래간 만에 텐트에서 지내는 밤이다. 내일은 영화 〈말아톤〉의 주인공 초원이가 달리고 싶어하던 세렝게티로 간다.

잠자는 사자 깨워서 사진 찍기

녹색의 바다에 서다

세렝게티는 사파리 여행 가운데 가장 기대가 큰 곳이었다. 〈말아톤〉에서 초원이는 야생동물들이 자유롭게 뛰노는 세렝게티를 그리워 한다. 나 역시 어릴 때부터 〈동물의 왕국〉이라는 다큐멘터리를 보면서 아프리카를 막연히 동경했는데, 주 촬영지가 바로 이곳이다. 세렝게티란 마사이어로 '끝없는 평원' 이란 뜻인데, 이름 그대로 지평선만 끝없이 펼쳐진 평원으로 우리나라 강원도만 한 크기다. 세렝게티는 북쪽으로는 케냐의 마사이마라 동물보호 구역과 맞닿아있고, 서쪽은 빅토리아 호수, 남쪽은 마스와Maswa 동물보호 구역까지 이어진다.

응고롱고로를 통과해 세렝게티로 가는 방법이 가장 일반적이다. 우리도 이 경로를 따르기로 했다. 마쿠유니 마을의 캠프장을 출발한 사파리 차량은 응고롱고로 게이트에서 수속을 하고 분화구 언덕을 올랐다.

응고롱고로 분화구 언덕을 오르는 길은 울퉁불퉁해 쿵덕쿵덕 차 천장에 쉴 새 없이
머리를 찧었다. 응고롱고로 분화구에서 쏟아져나온 화산재로 세렝게티가 만들어졌다.

길 곳곳이 패어있어 엉덩이는 들썩거리고, 마치 두더지잡기 게임의 두
더지처럼 천장에 머리를 수없이 부딪쳤다. 사파리 차량은 잠시 응고롱
고로 분화구가 한눈에 내려다보이는 전망대에서 멈추었다. 전망대에서
바라본 응고롱고로 분화구는 남북으로 16킬로미터, 동서로 19킬로미터
나 된다. 이렇듯 거대한 분화구를 남긴 화산 활동이었다면 충분히 세렝
게티 전체를 화산재로 뒤덮었을 것이다.

세렝게티 평원을 뒤덮은 두꺼운 화산재 때문에 큰 나무들은 뿌리내릴 수 없었고 대신 키 작은 풀들만 자라 초원이 형성되었다. 펼친 우산처럼 생긴 우산나무들만 간간히 서있을 뿐이다. 이곳은 사바나 기후대로, 일 년 내내 18도 이상의 기온을 유지하며 건기와 우기가 번갈아 계속된다. 건기에 말라버린 나무와 풀들은 우기가 되면 순식간에 살아나 녹색의 바다를 이룬다. 동물들은 이런 계절의 변화에 의해 '계절 이동'을 한다.

세렝게티는 원래 마사이족의 땅이었으나, 탄자니아 정부가 1951년부터 99년간 빌리기로 하고 이곳을 국립공원으로 정했다. 그 후 마사이족은 응고롱고로 지역으로 이주하고, 탄자니아 정부는 마사이족에게 생활 보조금을 지급하고 있다. 그래서 세렝게티 국립공원의 입장료에는 마사이족에 대한 지원금이 포함되어있다.

한눈에 바라본 응고롱고로의 전경. 바람이라도 지나면 녹빛 물결로 바다를 이룬다.

세렝게티로 가면서 창과 활을 지닌 마사이족들이 수백 마리의 염소와 소떼를 몰고 가는 모습을 쉽게 볼 수 있었다. 빨간색 보자기를 두르고, 머리장식, 귀걸이, 목걸이 등으로 머리에서 발끝까지 울긋불긋하게 치장했다. 마사이족의 소들이 사파리 차량의 길을 막는다. 하기는 그들의 구역이니 당연한 일이다. 목동이 지팡이를 휘둘러 길을 벗어날 때까지 기다리는 수밖에 없다. 무심히 카메라를 들었는데 렌즈를 통해 본 소년의 눈빛에는 경계심이 가득했다. 셔터를 누르려다 놀라 카메라 초점을 잃고 말았다. 은연중에 그들을 우리와 다른, 피사체로만 여긴게 아닐까. 미안한 마음이다.

이런 생각에 빠진 사이, 사파리에서의 두 번째 밤을 보낼 심바 캠프장에 도착했다. 영화 〈라이언 킹〉의 주인공인 사자 이름도 '심바'였는데, 스와힐리어로 사자를 뜻한다. 캠프장 시설은 넓은 잔디밭에 공동 식

세렝게티 탐방을 위해 묵었던 심바 캠프장. 화장실과 식당까지 갖춰져있었다.

당과 부엌, 화장실이 전부다. 비록 로지의 멋진 전망대는 아니지만 언덕 위에 있어 분화구를 내려다볼 수 있다. 텐트에 짐을 내려놓자마자 세렝 게티로 향했다.

세렝게티에도 귀성 전쟁이 있다

매년 5월 중순, 세렝게티의 건기가 시작되면 지구상에서 가장 많은 동물들이 대이동을 시작한다. 세렝게티에서 우기를 보낸 동물들은 다시 북쪽의 케냐 마사이마라나, 서쪽의 빅토리아 호수로 돌아가는데, 그 거리는 무려 2,500킬로미터나 된다. 톰슨가젤과 일런드영양, 얼룩말, 누 등 다양한 초식동물이 이동하지만, 그중에서 가장 장관은 누의 무리다. 다른 말로 '월더비스트Wildebeest'라고 부르는데, 이는 아프리칸스어(네덜란드의 식민지였던 남아프리카 공화국에서 발달한 독자적인 네덜란드어)와 독일어가 합쳐져 생긴 말로 야수라는 뜻이다. 강을 건너면서 악어와 육식동물의 공격도 받으면서 거대한 무리를 이뤄 이동한다.

긴 여정에는 상당한 희생이 뒤따른다. 매년 약 150만 마리가 이동하는데, 그 가운데 25만 마리가 죽는다. 하지만 그런 대가를 치르고서라도 계속 옮겨다니는 데는 그만한 이유가 있다. 우선 계절의 변화 때문이다. 평소에는 북쪽의 강수량이 남쪽보다 두 배 정도 많지만, 2~3월이면 남쪽의 바짝 마른 땅이 파릇파릇한 초원으로 바뀐다. 수십만 마리의 누 떼

'야수'라 불리는 누는 소의 뿔, 염소의 수염, 말의 꼬리를 가지고 있어 그 모습이 기괴하다.

세렝게티 초원으로 가는 길.
사파리 차량은 천장을 열 수 있도록 만들어져 초원을 한눈에 살필 수 있었다.

를 먹여 살릴 만큼 충분하다. 또 한 지역에 머물기보다 이동해서 풀을 뜯는 편이 초원의 부담을 줄이고 개체 수를 늘리는 데 도움이 된다.

특히 북쪽과 달리 키 작은 남쪽 풀에는 인이 풍부한데, 이것은 젖을 먹이는 암컷과 어린 새끼에게 꼭 필요한 성분이다. 수천 마리의 암컷 누가 새끼를 낳는 곳도 남쪽의 세렝게티다. 매년 1월 말에서 2월 초 사이 보름 동안 90퍼센트가 새끼를 낳는다.

짝짓기를 하는 5월은 무리들이 다시 모여들어 세렝게티를 떠날 준비를 하는 시기다. 번식기 동안 수컷들은 짝짓기를 하기 위해 요란한 구애행동을 한다. 다시 북쪽으로 긴 여행을 떠나기 전에 대부분의 성숙한 암놈은 새로운 생명을 잉태하고, 이듬해 1~2월에 새로운 생명이 태어나는 순환이 반복된다. 열대 포유류 중에 누와 같이 집단적으로 짝짓기와 임신, 출산을 하는 종은 거의 없다. 하지만 새끼들의 생존율을 높이는 차원에서 매우 성공적인 전략이다.

다갈색을 띤 새끼들은 태어나서 5~6분 정도만 지나면 몸이 채 마르기도 전에 비틀거리며 서기 시작한다. 이때가 바로 맹수의 공격에 노출되는 시기로 50퍼센트 정도만 살아남는다. 비슷한 시기에 태어나기 때문에 그 정도라도 목숨을 건진다. 하지만 일 년 후에 다시 대이동에 참여하는 새끼는 겨우 15퍼센트에 지나지 않는다.

케냐의 마사이마라와 탄자니아의 세렝게티는 국경으로 갈렸지만 사실 하나의 초원이다. 예전에는 나이로비에서 출발해 '아루샤-마냐라 호수–응고롱고로 자연보호구–세렝게티 국립공원–마사이마라 국립보호구역' 을 거쳐 다시 나이로비로 되돌아오는 코스가 사파리 투어의 대명사였지만, 지금은 국경이 폐쇄되어 동물과 달리 사람은 다닐 수 없게 되었다.

마사이마라에서 '마사이' 는 마사이족을, '마라' 는 얼룩덜룩한 점을 의미한다. 다양한 동물들이 넓게 퍼져있는 모습이 점처럼 보여 붙은 이름이다. 마사이마라는 세렝게티에 비해 관광객도 더 많고 비용 또한 저렴하다. 큰 차이점이라면 마사이마라는 사파리 차량이 도로를 벗어나 다닐 수 있기 때문에, 운전자들이 경쟁적으로 차를 몰고 들어가 국립공원이 많이 훼손되어있는 상태다. 이에 비해 세렝게티는 사파리 차량이 도로 이외의 지역으로 절대 진입할 수 없다. 그래서 오히려 동물을 보기 힘들다. 가격은 비싸지만 환경보존 측면에서 탄자니아가 더 낫다는 게 일반적인 평가다.

그러나 무엇보다 사파리를 제대로 즐기기 위해서는 동물 이동에 따라 장소를 선택하는 것이 중요하다. 일반적으로 우리의 겨울에 해당하는 12월에서 3월에는 세렝게티에, 7월 말에서 9월까지는 마사이마라로 가야 많은 동물들을 만날 수 있다.

톰슨가젤과 사자의 레이스

응고롱고로 분화구의 서북쪽에 있는 외길로 내려오니 대초원이 펼쳐져 있다. 꼿꼿하게 서있는 기린을 만나는 일이 이제는 익숙하다. 톰슨가젤들이 꼬리를 살랑살랑 흔들며 달아났다. 예전에 마사이마라에 들어온 영국인 조셉 톰슨의 이름을 따서 지어졌다고 한다. 전자가 입자임을 실험으로 밝혀서 노벨 물리학상을 수상한 조셉 톰슨(Joseph Thomson, 1856~1940)은 아니다. 멀리서도 눈에 띄는 옆구리의 검은 줄무늬를 통해, 비슷하게 생긴 토피영양, 임팔라, 그랜트가젤 등과 구분한다.

> 매일 아침 톰슨가젤은 깨어난다. 가젤은 가장 빠른 사자보다 더 빨리 달리지 않으면 잡아먹힌다는 것을 안다. 사자는 가장 느린 가젤보다 더 빨리 달리지 못하면 굶어 죽는다는 것을 안다. 당신이 사자냐 가젤이냐 하는 것은 문제가 되지 않는다. 다시 해가 뜨면 당신은 뛰어야 한다.

토마스 L. 프리드먼의 《세계는 평평하다》에 나오는 글이다. 생존을 위한 각 존재들의 피나는 노력에 대해 설명하고 있다. 과학적으로 보아도 절대 틀린 비유는 아니다. 초식동물인 톰슨가젤은 잡아먹히지 않기 위해 점점 더 빠르게 달리도록 진화했다. 이를 위해 근육을 키워야 했고, 그러기 위해서는 더 많이 먹어야 한다. 먹이를 찾으려면 숨어있기보다 돌아다닐 수밖에 없으므로, 더 많은 위험에 노출되기 마련이다. 하지만

먹고 먹히는 생존 경쟁은 세렝게티에서 흔히 볼 수 있는 장면이다.
사자들은 최대한 몸을 낮춰 목표물을 향해 걸어가고,
톰슨가젤은 풀을 뜯는 와중에도 경계를 게을리하지 않는다.

도망가는 동물이라도 몸을 무한정 빠르게 만들 수 없다. 사자가 잡아먹을 수 없는 수준에 도달하면 더 빠르게 진화할 필요가 없어진다.

　반면 사자는 가젤을 잡아먹기 위해 빨리 달려야만 한다. 먹이를 못 잡으면 굶어 죽으니까 역시 목숨 걸고 달린다. 그런데 가젤보다 열 배 빨라도 잡을 수 있고, 딱 한 발짝만 더 빨라도 잡을 수 있다. 그러니 사자는 굳이 열 배로 빨라지려고 노력할 필요가 없다. 딱 한 발짝만 더 빨리 뛰면 되기 때문이다.

　결론적으로 가젤은 딱 한 발짝만 더 나가면 살 수 있고, 사자는 딱 한 발짝 빨리 뛰면 잡아먹을 수 있는 셈이다. 겉으로 보기에 그 한 발짝

은 별 차이 없는 듯하지만, 그 한 발짝을 사이에 두고 '달리기의 진화'
가 이루어진다.

　사자는 대부분 무리를 지어 생활한다. 수사자 한 마리를 중심으로
여러 암사자와 새끼 사자들로 구성되어있다. 사냥은 암사자의 몫이다.
물론 홀로 사는 수사자는 사냥을 하지만 일반적으로는 암사자의 몫이
다. 암사자들은 날렵하고 용맹해 사냥에서 대단한 협동심을 발휘한다.
언제나 바람을 안고 가면서 공격한다. 가젤이 사자의 냄새를 맡지 못하
게 하기 위해서다. 암사자들은 두 조로 나뉘어 한 조가 정면에서 공격하
고, 다른 한 조는 반대쪽 덤불에서 기다린다.

　사냥이 끝나면 수사자가 식사를 하기 위해 어슬렁어슬렁 나타난다.
암사자가 사냥하는 동안 그늘에서 늘어지게 자다가, 신선한 먹이를 구
해 오면 당연하다는 듯 와서 먹는다. 먹는 양도 으뜸이다. 암사자와 새

가젤과의 목숨을 건 레이스를 시작하는 암사자. 삶과 죽음을 둘러싼
치열한 전투가 벌어지는 야생에도 원칙은 있다. '배 고프지 않으면, 공격하지 않는다.'

끼 사자들은 수사자가 남긴 고기를 먹는데, 먹이가 충분하지 않으면 굶
을 수밖에 없다.

그러나 수사자라고 마냥 편한 것은 아니다. 이렇게 대접받던 수사자
도 힘세고 건강한 다른 수사자가 들어오면 쫓겨난다. 암사자에게는 자
신들을 지켜줄 강한 수사자가 필요하기 때문이다. 수사자의 풍성한 갈
기는 힘과 권위의 상징처럼 보이지만 사실은 다른 수사자와의 싸움에서
목 부위를 보호하기 위해 발달했다. 눈에 잘 띄는 갈기 때문에 사냥이
불가능해 암사자에게 먹이를 의존할 수밖에 없는 신세다. 하지만 수사

자는 생존을 위해 몸집을 키울 수밖에 없다. 젊은 경쟁자를 누르고, 외부 적으로부터 무리를 지키는 울타리 구실을 하려면 '덩치'가 바로 '힘'이기 때문이다.

사자도 그렇지만 대부분의 동물들이 암컷에 비해 수컷이 아름답다. 그 이유는 짝짓기 때문이다. 대개는 수컷이 암컷 앞에서 구애 경쟁을 펼친다. 유혹하는 냄새를 풍기거나, 공작처럼 화려한 날개를 펼치고 때론 소리도 지른다. 이런 방법으로 자신이 건강한 '꽃미남'이라고 자랑하는 것이다. 반대로 암컷이 수수하고 눈에 띄지 않는 이유는, 새끼를 낳을 때 다른 동물의 공격을 피하기 위해서다.

톰슨가젤이 제자리에서 폴짝폴짝 뛰고 있다. 겁 없고 건방져 보이기도 하지만 살아남기 위한 본능적 몸부림이다. 사자를 비롯한 육식동물은 병들고 약한 먹잇감을 골라 공격한다. 공격 목표는 체구가 가장 큰 놈이 아니라 제일 약한 놈이다. 그만큼 성공률도 높고 잡는 데 힘도 덜 들기 때문이다. 그래서 새끼 톰슨가젤은 사자의 공격 대상 1호다.

이를 본능적으로 알고 있는 톰슨가젤은 사자를 발견하면, 최대한 높이 뛴다. 자기를 공격할 엄두도 못 내게 하려는 목적이다. "자! 나는 이렇게 높이 뛴다. 이렇게 건강한 나를 잡는 것은 너에게는 무리야."라고 말하는 셈이다.

응로롱고로 분화구 지역과 세렝게티 국립공원은 맞닿아있다. 도로 위에 나비힐 게이트Naabi Hill Gate라는 문을 세워둔 것이 경계 표시의 전부다.

북서쪽으로 쭉 뻗어있는 길을 따라 이동했는데, 비포장도로이기 때문에 엄청난 먼지를 마셔야 했다. 함께 간 여행객이 쓴 황사 마스크는 제값을 톡톡히 했다.

지평선이 나타났다. 새파란 하늘은 바다 같았고, 그 위를 떠다니는 구름은 목화송이를 똑똑 뜯어다 붙인 것 같았다. 멀리 타조가 뛰어가고 있다. 엄연히 알에서 태어난 조류지만 몸이 거대해지고 날개가 퇴화하면서 날지 못한다. 대신 자동차만큼 빠른 속도로 달릴 수 있는 튼튼한 다리가 생겼다.

나비힐 게이트가 있는 작은 언덕에서 점심 도시락을 먹기로 했다. 그런데 못된 원숭이들이 점심을 순식간에 약탈해 갔다. 차를 세우고 입장 절차를 밟는 사이, 열려진 차창으로 원숭이들이 들어와 도시락을 몽땅 들고 달아났다. 그때서야 운전수가 창문을 잘 닫고 내리라고 했던 말이 번뜩 떠올랐다. 소리를 지르면서 쫓아가 보았지만 한 마리는 벌써 나무 위에서 바나나를 까먹고, 어떤 놈은 비닐봉지를 들고 다른 차의 지붕 위를 건너고 있다. 비닐봉지가 찢어지면서 빵과 계란, 바나나, 닭다리가 길에 나뒹굴었다. 주위의 다른 관광객들은 난데없는 원숭이 소동에 박수를 치며 즐거워했지만, 나는 바닥에 떨어진 계란 한 개를 물로 씻어 먹는 것으로 점심식사를 끝내야 했다.

밀렵꾼들은 흔히 '빅5'라 불리는 사자, 표범, 코끼리, 코뿔소, 버펄로를 찾아다닌다. '빅5'는 크기도 하지만 사냥이 어렵고, 무엇보다 값나

사파리 차량을 지나가는 사자 무리. 처음에는 두렵기도 했지만,
이들에게는 나 역시 세렝게티의 많은 동물(?) 중 하나이니, 일부러 경계할 필요는 없었다.
단, 소리를 지르거나 돌을 던져 자극할 경우 끔찍한 일이 벌어질 수도 있다.

나무 그늘에서 잠이 든 백수의 왕. 관광객들 모두 카메라를 들이대는 통에
혹 잠을 깨지 않을까 했는데, 쓸데없는 걱정이었다.

가는 동물이라 붙은 별명이다. 사자와 표범의 가죽은 벽에 걸리는 장식
용으로, 코끼리의 상아는 피아노의 건반으로, 코뿔소의 뿔은 정력에 좋
다며 약재로 사용되었다. 버펄로의 가죽과 뿔은 장식용으로 쓰였다. '게
임 사파리' 또는 '게임 드라이브' 라는 말도 예전에 야생동물을 사냥하
면서 사파리를 즐기던 데서 유래한 말이다.

　　하지만 지금의 사파리는 자연을 공격의 대상으로 보거나, 이득을 취
하기 위한 도구로 삼지 않는다. 야생동물을 눈으로 하나하나 확인할 때
마다 경탄을 금치 못하며 수선을 떨기는 했지만, 사파리의 핵심은 '조용
히 지켜보는' 데 있다. 최대한 자연을 손상시키지 않으면서, 동물들과

한자리에서 호흡하는 것이다. 운전 기사는 가능한 많은 동물을 보여주기 위해 노력했는데, 멀리 떨어져있거나 수풀에 가려 잘 보이지 않는 동물을 작은 기미로도 알아차리고 안내해주었다.

사자가 잠들어있는 나무 그늘 주변으로 사파리 차들이 몰려들었다. 관광객들은 그늘에 축 늘어져있는 사자의 모습을 카메라에 담느라 여념이 없다. 뜨거운 햇볕을 피해 눈을 감고 휴식을 취하는 모습은 백수의 왕다운 체통도 위엄도 없다. 그런데 우리 너무 시끌벅적한 게 아닐까? 이쯤 되면 '잠자는 사자의 코털 뽑기'가 아니라 '사자 깨워 사진 찍기'다.

올두바이 협곡

아담과 이브의 발자국을 보다

인류고고학의 귀족과 올두바이 협곡

침팬지가 진화하면 우리와 같은 인간이 될까? 인간은 언제부터 두 발로 걷게 되었을까? 인류는 어떻게 지구상에 생겨났을까? 인류의 과거에 대한 이런 의문을 풀기 위해서는 세렝게티 국립공원과 응고롱고로 자연보호구역 사이에 있는 올두바이^{Olduvai} 계곡으로 가야 한다.

　100미터 깊이의 이 계곡에서는 각기 다른 시대를 대표하는 초기 인류의 화석이 발굴되었다. 아주 오래전 커다란 호수였던 이곳에서 인류의 조상들이 살았다. 그 뒤 호수의 물이 마르고 화산활동으로 퇴적물이 쌓이면서, 지금처럼 고원지대가 만들어졌다.

　과거부터 많은 생물이 살았지만, 이들의 유해나 흔적이 모두 화석으로 남지는 않았다. 우선 뼈나 껍질 같은 단단한 부분이 있어야 하고, 미생물에 의해 썩지 않으려면 공기와 접촉하지 않아야 한다. 이런 조건이

초기 인류의 발자취를 엿볼 수 있는 올두바이 협곡.
세렝게티 국립공원과 응고롱고로 자연보호 구역 사이에 자리한다.

화석이 잘 보존된 천혜의 장소였던 올두바이 협곡에서 고고학자 리키 부부는
초기 인류의 흔적을 찾았다. 그들의 연구를 정리한 표가 전시되어있다.

맞아떨어지는 곳은 동아프리카 일부 지역뿐이다. 서아프리카의 토양은
산성이라 뼈가 쉽게 썩는다.

　이렇게 까다로운 조건이 충족되더라도 화석이 발견될 가능성은 매우
희박하다. 수백만 년이 흐르면서 새로운 지층에 덮여 지표면으로부터 수
백 미터 아래로 밀리기 때문이다. 거의 제로에 가까운 확률을 믿고 땅속
을 파헤치는 일이란 끝없는 모래밭에서 바늘 하나를 찾는 것처럼 어렵
다. 그러나 올두바이 협곡은 운 좋게도 흘러든 강물에 지층이 깎여, 땅속
깊이 잠자던 인류의 흔적이 드러났다. 게다가 건조한 날씨 덕분에 보존
상태가 좋고, 지층이 노란색, 빨간색, 회색 등으로 구분이 잘되어있어 비
교적 정확한 연대를 추정할 수 있다.

고고학자들이 올두바이 협곡에 관심을 갖기 시작한 때는 1911년부터다. 나비 채집을 위해 계곡에 들어선 독일의 빌헬름 카트빈켈Wilhelm Kattwinkel 교수는 화석 뼈들을 우연히 발견했다. 2년 후 한스 렉Hans Reck 교수를 단장으로 하는 독일 조사단도 3개월 동안 머물면서 호미니드Hominid 뼈와, 많은 동물 화석을 발견했다. 호미니드란 현생 인류와 모든 원시 인류를 포함하는 사람과 동물의 총칭이다.

1933년 한스 렉 교수가 다시 올두바이 협곡을 찾았을 때 루이스 리키 Louis Leakey와 부인 메리 리키Mary Leakey도 발굴에 참여했다. 케냐에서 선교사의 아들로 태어나 영어보다 키쿠유족의 말을 먼저 배웠던 루이스 리키는 영국에서 공부를 마치고 곧바로 돌아와 고고학을 연구했다. 집안의 반대를 무릅쓰고 고고학을 좋아하는 메리 리키와 결혼해, 전 세계적으로 유명한 인류고고학 집안이 탄생한다. 우리나라를 방문한 바 있는 동물학자 제인 구달Jane Goodall 또한 리키 부부와 함께 아프리카에서 침팬지를 연구했다고 알려져있다.

조사를 시작한 지 27년 만인 1959년, 부인 메리 리키는 골짜기 맨 아래층에서 호미니드의 머리뼈 하나를 찾아냈다. 이 머리뼈에는 오스트랄로피테쿠스 보이세이 Australopithecus boisei라는 이름이 붙었는데, 초기 발굴팀을 맡은 찰스 보이세이

오스트랄로피테쿠스 보이세이의 두개골. 메리 리키가 1959년 발견했다.

Charles Boise의 이름에서 따왔다.

이 두개골의 주인은 175만 년 전 이 계곡에 살았고, 칼륨-아르곤 연대측정법(암석 내에 있는 방사성 아르곤과 방사성 칼륨의 비를 측정하여 암석의 형성 시기를 측정하는 방법)으로 연대를 측정한 최초의 호미니드가 되었다. 리키는 이 호미니드가 동아프리카에서 기원한 인류의 직접조상으로 믿었다. 약 400만 년 전, 지구에 등장한 오스트랄로피테쿠스는 어기적거리며 걷는 유인원과 달리 무릎을 곧게 펴고 똑바로 서서 걸을 수 있었다. 그들은 1미터 정도의 키에 사람과 비슷한 앞니와 송곳니, 턱 등이 있었으며, 두개골의 용량은 현대인의 3분의 1정도인 500시시[cc] 정도였다.

우리는 지금까지 과학 시간이나 사회 시간에 오스트랄로피테쿠스를 시작으로 호모하빌리스[Homo habilis], 호모에렉투스[Homo erectus], 호모사피엔스[Homo sapiens]까지 이어지는 인류의 진화 과정을 열심히 외워왔다. 그러나 인류의 조상, 맨 앞자리에 있는 오스트랄로피테쿠스라는 학명은 잘못되었다. 리키가 발굴하기 이전인 1925년, 해부학자인 다트[R. A. Dart] 교수는 남아프리카에서 발견한 오스트랄로피테쿠스의 두개골을 원숭이의 화석이라고 생각했다. 그래서 '남쪽의 원숭이'라는 뜻으로 '오스트랄로피테쿠스'라 이름 붙였다. 나중에 유인원이 아니라 초기 인류의 두개골이라는 사실이 밝혀졌지만, 보통 학명은 최초의 이름을 존중하기 때문에 바꾸지 않았다. 그래서 올두바이 협곡에서 발굴된 오스트랄로피테쿠스 보이세이는 '동아프리카의 사람'이라는 뜻의 '진잔트로푸스 보이세이[Zinjanthropus boisei'로 불리기도 한다.

몇 년 후에는 남편인 루이스 리키의 탐사팀이 또 다른 종류의 머리뼈와 손뼈, 아래턱 한 개와 치아 몇 개를 발굴했다. 올두바이 협곡에서 처음 찾아낸 오스트랄로피테쿠스 보이세이와 달랐다. 손을 쓰는 사람, 또는 도구적 인간이라는 뜻의 호모하빌리스의 것이었다. 이들은 돌을 다듬어 고기를 잘랐고, 두개골의 용량도 600시시로 늘어났다. 처음 호모하빌리스가 발굴되었을 때는 많은 논란이 있었지만, 아들 리처드 리키Richard Leakey가 또 다른 호모하빌리스의 화석을 발견하고, 며느리가 부서진 뼛조각을 완벽하게 복원함으로써 루이스 리키의 주장을 입증했다. 지금까지 리키 가족이 인류고고학의 전설로 남아있는 이유다.

올두바이 협곡에서는 인류뿐 아니라 동물의 화석과 도구도 많이 발견되었다. 다른 동물에 비해 작고 힘이 약했던 인간의 조상은 살아남기 위해 집단을 형성했고, 효율적인 사냥과 생존을 위해 도구를 만들어 썼다. 그러나 올두바이 협곡이 호모하빌리스의 본거지였는지에 대해서는 여전히 논란 중이다.

올두바이 박물관에는 이곳에서 발굴된 인류의 흔적과 '올두바이 문화'라고 불리는 초기 석기시대의 유물을 전시하고 있었는데, 지금은 사라지고 없는 '라에톨리Laetoli 발자국'의 본도 볼 수 있다.

360만 년 전 세 명의 초기 인류가 올두바이에서 45킬로미터 떨어진 라에톨리 평원을 지나갔다. 당시 주변에서는 화산활동이 활발하게 일어

우산나무

화산

오스트랄로피테쿠스 아파렌시스

피그미 기린

350만 년 전, 세 명의 원시 인류인 오스트랄로피테쿠스 아파렌시스가 라에톨리 평원을 지나갔다. 화산재는 내리는 비에 섞여 진흙처럼 되었고, 두 발로 걷는 그들의 발자국은 진하게 남았다.

연이은 화산 폭발로 화산재가 쏟아지자, 그들의 발자국은 화석이 되었다. 그 위로 지층이 차곡차곡 쌓이면서 발자국 화석은 땅속 깊이 묻혔다. 그 뒤 계곡을 흐르는 물에 의해 지층이 깎이기 시작했고, 마침내 발자국이 모습을 드러냈다. 이 화석은 '라에톨리의 발자국'이라 불리는데, 오스트랄로피테쿠스가 두 발로 걸어다녔음을 증명하는 중요한 자료다.

났는데, 화산재는 비와 섞여 진흙처럼 되었다가 시멘트처럼 굳었다. 진흙 속에는 그들이 두 발로 걸었다는 사실을 입증하는 발자국이 뚜렷이 남았다. 뒤이어 화산이 폭발해 발자국은 화산재로 덮였고, 화석으로 보존되었다. 이후 계곡 물에 의한 침식작용으로 지층의 단면이 드러나면서, 1976년 메리 리키의 탐사팀에게 발견된 것이다.

이 화석을 '라에톨리의 발자국'이라 부르는데, 오스트랄로피테쿠스가 두 발로 걸어 다녔음을 증명하는 중요한 자료다. 유인원의 엄지발가락은 나뭇가지를 붙잡기 좋도록 옆으로 갈라졌지만, 라에톨리 발자국은 우리와 거의 같은 모양이다. 땅바닥을 디딜 때 중심을 잡아주는 직립보행에 알맞은 발이다.

남자와 여자, 아이의 발자국은 같은 방향으로 나아가고 있었다. 그 중 한 명은 걷다가 잠깐 멈추어 서서 왼쪽을 돌아보았다. 혹시 아담과 이브의 발자국은 아닐까? 응고롱고로 분화구는 그들의 낙원이었을지도

라에톨리의 발자국. 화석은 나무 뿌리에 의해 파괴되고,
지금은 박물관에 본뜬 자료만 남아있다.

모른다.

리키 박사는 발자국 화석을 사진으로 남겼으나, 파손의 위험 때문에 박물관으로 옮기지 못했다. 그래서 다시 땅속에 묻어두었는데, 몇 년 뒤 주변 나무의 뿌리가 자라 발자국을 뚫고 지나갔다. 1993년 탄자니아와 미국의 유물 발굴팀이 나무를 제거하고 발자국 화석을 되찾으려 했지만 실패하고 말았다. '아담과 이브의 발자국'은 이곳 올두바이 박물관에서 본으로만 확인할 수 있을 뿐이다. 이 발자국의 주인들은 오스트랄로피테쿠스 중에서 300~400만 년 전 동부 아프리카에 살았던 오스트랄로피테쿠스 아파렌시스Australopithecus afarensis로 분류된다.

박물관 한편에는 오스트랄로피테쿠스와 호모하빌리스의 뼈가 전시되어있다. '과거를 보는 창'이라는 주제 아래, 각 호미니드의 생활상을 비교해놓은 자료도 보인다.

현재까지 발굴된 화석 가운데 '최초의 인간'으로 꼽히는 것은 1974년 에티오피아에서 도널드 요한슨(Donald Johanson, 1943~)에 의해 발굴된 '루시Lucy'다. '루시'라는 이름은 요한슨이 발굴할 때 라디오에서 흘러나온 비틀즈의 노래에서 딴 이름이다. 루시의 머리뼈를 바탕으로 만든 복원도를 보면 영락없는 침팬지의 얼굴이다. 진화생물학자 제러드 다이아몬드Jared Diamond에 의하면, 침팬지와 사람의 DNA는 98.4퍼센트가 같고, 겨우 1.6퍼센트만 다르다. 그렇다면 "인간은 침팬지에서 진화했을까?", "침팬지는 언제 사람으로 진화할까?"라는 의문이 생긴다. 만약 그렇다면 우리는 조상님들을 동물원에 가둔 셈이니까.

　물론 아주 오래전에는 인간과 침팬지의 공동 조상이 살고 있었다. 그러나 약 500~800만 년 전 인류와 침팬지는 조상으로부터 갈라져 독자적인 방향으로 진화했다. 하지만 고릴라가 오랑우탄이나 침팬지가 아니듯, 침팬지가 인간일 수는 없다. 진화는 여러 이유로 종이 변하고 다양해지는 현상이지, 어떤 종이 다른 종으로 바뀌는 것이 아니다. 만약 오늘날의 침팬지가 진화한다면 인간이 아니라, 침팬지가 조상인 또 하나의 종이 생길 뿐이다.

　수십억 년 전, 지구상에 처음 나타난 생물은 아메바나 짚신벌레와

초기 인류의 모습과 생활상을 비교한 자료(왼쪽)와
호모하빌리스의 두개골(오른쪽)이 그 당시 역사를 말해준다.

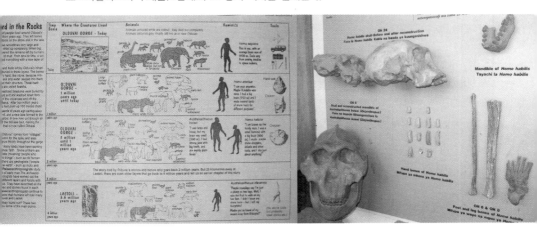

같은 단세포 생물이다. 인간이 침팬지의 자손이라는 논리에 따르면, 모든 생물의 공동조상은 아메바 '님'이다. 아메바도 진화한다면 인간이 될 수 있을 테니까.

이런 생각을 하며 심바 캠프장으로 돌아오는데, 입구에 집채만 한 코끼리가 버티고 있다. 운전수가 개의치 않고 차를 몰자, 코끼리가 슬금슬금 길 가장자리로 물러선다. 코끼리가 캠프장에 온 이유는 초원을 힘들게 헤매는 것보다, 캠프장의 음식물 쓰레기를 뒤지는 편이 낫기 때문이다.

오전과 달리 캠프장에 새로 들어온 텐트와 캠핑차로 초만원이었다. 전 세계에서 몰려든 관광객으로 피난민 수용소를 방불케 했다. 저녁 준비를 마친 요리사는 공동식당에서 우리를 기다리고 있었다. 식당 옆 큰 건물에는 각 팀의 요리사들이 벽을 따라서 빙 둘러 숯불을 피우고 각자 음식을 만들고 있었다.

심바 캠프장의 이모저모. 전 세계에서 온 관광객들이 공동 부엌에서
각자 음식을 만들어 먹는다. 다양한 외국인 친구를 만날 수 있는 좋은 기회다.

몇 개 되지 않는 샤워실이 문제였다. 기다리는 사람도 많고 차가운 물만 나와 샤워를 포기할까 생각했지만, 세렝게티에서 하루 종일 뒤집어 쓴 먼지 때문에 그럴 수도 없었다. 밤 12시가 되서야 내 차례가 돌아왔다. 가까스로 샤워를 마치고 칠흑같이 어두운 길을 조심스레 한걸음씩 옮기는데, 어이쿠! 오른발이 쑤욱 빠진다. 하수구에 빠진 것이다.

심바 캠프장은 고도가 높아 밤하늘의 별들이 가깝고 선명하게 보였다. 캠프장 여기저기에 각국의 여행자들이 모여 모닥불을 피우고 즐겁게 노래를 부른다. 나 혼자 샤워실에서 하수구에 빠진 발을 씻으려니 눈물이 왈칵 쏟아졌다. 캠프장의 물은 또 왜 그리 차갑던지, 지금도 심바 캠프장만 떠올리면 코끝에서 하수구 냄새가 나는 것 같다. 한 시간을 씻었는데도 냄새가 가시질 않았다.

텐트로 돌아와 오리털 파카를 입고 침낭을 덮었는데도 추워서 잠이 오지 않았다. 게다가 텐트가 약간 경사진 곳에 세워진 탓에 몸이 아래로 쏠려 응고롱고로 분화구로 굴러 떨어질 것만 같았다. 역시 아프리카 여행은 '살짝' 위험하다.

신이 만든 동물원을 찾다

누와 얼룩말의 '전략적 동거'

응고롱고로는 현지어로 '거대한 구멍'이란 뜻이다. 수백만 년 전 화산이 폭발할 때 엄청난 용암이 흘러내렸고, 화산재는 세렝게티 전체를 뒤덮었다. 용암이 빠져나가면서 산의 윗부분이 무게를 견디지 못하고 내려앉고 말았다. 타원형 분화구는 서울 면적의 절반 정도다. 그래서 분화구 안 사파리를 마치는 데도 3~4시간이나 걸린다.

내려앉은 분화구 바닥은 해발 1,700미터, 분화구를 감싼 화구 높이는 해발 2,200~2,300미터다. 킬리만자로만큼 높은 산의 절반이 내려앉은 분화구라 보면 된다. 응고롱고로 자연보호구역은 응고롱고로를 비롯해 다른 분화구까지 포함한다. 북동쪽에는 아직 활화산이 있지만 대부분 활동을 끝내고 야생동물의 요람이 되었다.

산비탈을 따라 600미터 깊이의 분화구로 내려가는 길은 스릴 만점의

서울 면적의 반에 해당하는 응고롱고로 분화구에는 누, 얼룩말, 사자 등
수많은 야생동물이 살아간다. 화산활동이 아프리카 대륙의 숨을 틔워준 셈이다.

급경사다. 이 비탈길은 마사이족이 가축을 몰며 다니는 길이기도 하다.
분화구 속 초지에서는 마사이족의 가축이 평화로이 풀을 뜯는다. 마사
이족이 붉은색 망토를 입는 이유는 야생동물이 싫어하는 색이기 때문이
다. 또 그들이 들고 다니는 박달나무 지팡이는 가축을 몰거나, 맹수의
공격을 막는 데 사용한다. 어릴 때부터 야생동물 속에서 자랐기 때문에,
맹수가 우글대는 초원에서도 거리낌 없이 가축을 몰고 다닌다.

　아침 햇살 속 응고롱고로 분화구는 신비하면서도 장엄하다. 응고롱
고로 분화구는 한쪽에서는 눈부신 햇살이 내리쬐도, 다른 한쪽에서는

구름이 잔뜩 끼거나 비가 내리기 일쑤다. 때로는 움푹한 분화구 전체를 가득 메울 만큼 구름이 낮게 깔리기도 한다.

이른 아침인데도 동물들은 벌써부터 분주하다. 누렇게 펼쳐진 초원에는 누와 얼룩말이 함께 풀을 뜯고, 하마는 호수에 몸을 담그고 있다. 분화구에는 아프리카에서 볼 수 있는 거의 모든 동물이 살고 있다. 그래서 '신이 만든 동물원'이라고도 불린다. 동물의 천국 응고롱고로지만 이상하게도 기린은 없다. 먹이인 아프리카 아카시아 나무가 없어서라고 한다. 또 주변부가 너무 가팔라서 둔한 기린이 넘지 못했으리라 추측하기도 한다. 이곳에서 태어난 동물들은 대부분 여기서 죽는다. 500~600미터의 산으로 사방이 병풍처럼 둘러쳐져 있으니, 넘기가 결코 쉽지 않을 것이다.

사자 연구가들은 아프리카 전 지역을 통틀어 분화구 사자들이 가장 못생겼다고 한다. 외부로부터 고립되어 오랫동안 동종번식을 했기 때문이다. 실제로도 세렝게티의 사자보다 못생겨 보이긴 했다.

누는 '동물계의 프랑켄슈타인'으로 불린다. 소뿔, 염소수염 그리고 말꼬리를 조합해서 만든 것 같기 때문이다. 창조주가 많은 동물을 만들다 더 이상 생각이 떠오르지 않자, 눈앞의 동물을 합쳐서 만들었다는 전설이 전한다. 뛰는 모습도 어설프기 짝이 없다. 다리를 쭉쭉 뻗으며 힘차게 달리는 다른 동물과 달리, 구부정한 자세로 다리를 가운데로 모았다가 뛰기 때문에 절뚝거리는 것 같다. 금방이라도 넘어질 듯한 뜀박질로 일 년에 두 차례나 대이동을 한다니 대단하다.

　누와 얼룩말이 어우러져 풀을 뜯고 있다. 누와 얼룩말은 같은 종은 아니지만 한데 어울려 이동하는데, 맹수로부터 자신들을 보호하기 위한 '전략적 동거'다. 동물학자들에 따르면, 색맹인 누는 20킬로미터 밖까지 냄새 맡을 수 있다. 반면 후각이 좋지 않은 얼룩말은 15킬로미터 밖까지 볼 수 있는 눈을 가졌다. 또 둘 다 풀을 먹이로 삼지만 얼룩말은 긴 풀을, 누는 작은 풀을 뜯기 때문에 서로 겹치지 않는다. '환상의 궁합'인 셈이다.

호수에 사이좋게 모여있는 누와 얼룩말. 이동 시기에 누와 얼룩말은 함께
움직이는데, 힘을 합쳐서 맹수의 공격을 막기 위해서다.

코끼리 무덤을 찾는 사람들

작은 연못에 스무 마리 정도의 하마가 몸을 식히고 있다. 미동도 않고 물속에 옹기종기 모여있는 하마의 등에 물새가 앉아있다. 마치 바위섬처럼 보인다. 하루의 대부분을 물속에서 지내는 하마는 알고 보면 햇빛에 민감한 피부를 가진 환자다. 뜨거운 햇볕으로 피부가 건조해지면 이내 붉고 끈끈한 분비물이 나와 마치 피땀을 흘리는 듯 보인다. 이 붉은 분비물은 체온의 상승을 막고, 피부가 건조해지거나 자외선이 침투하는 일을 막아준다.

멀리서 코끼리 두 마리가 다가온다. 사파리 차량은 정해진 길 밖으

겉보기와 달리 하마의 피부는 매우 민감하다.
하마는 햇볕으로부터 피부를 보호하기 위해 진흙 목욕을 즐긴다.

표 범 을 타 고 아 프 리 카 초 원 으 로

로 나갈 수 없기 때문에, 코끼리의 진로를 막아선 셈이 되었다. 코끼리가 멈춰서고 잠시 정적이 흘렀다. 어쩌면 화가 난 야생 코끼리가 무시무시한 상아로 우리를 공격할지도 모른다. 두려움 반, 호기심 반으로 마음을 졸이고 있는데, 부끄럽지도 않은지 꼬리를 살짝 들고 볼일을 본다. 덩치가 크니 그 양도 대단하다.

코끼리도 방귀를 뀐다. 방귀를 과학적으로 정의하자면, 장 속의 공기가 항문으로 빠져나오는 현상이다. 코끼리는 지상에서 가장 큰 덩치를 유지하기 위해 엄청난 양의 풀을 먹기 때문에 창자도 길다. 그 길이만큼 장내 가스량도 많아 하루 종일 방귀를 껴서 내보낸다. 사람도 마찬가지여서 의식을 하든 못하든 하루 평균 13번 이상 방귀를 뀐다.

방귀 소리는 가스량이나 압력에 의해 결정되는데, 같은 압력이라면 통로가 좁을수록 소리가 크게 난다. 코끼리는 대부분 서있기 때문에, 항문의 주름이 느슨해져 소리가 작다. 그러나 누워있을 때는 항문이 조여들고 배가 압박을 받아 엄청난 소리를 낸다. 다행히 초식동물이라 냄새는 그리 독하지 않다.

코끼리의 집은 분화구 가장자리에 있는 숲이다. 가이드 설명에 따르면 응고롱고로에는 코끼리 열여덟 마리가 사는데, 우리 앞에서 실례를 하고 계신 이분이 65세로 가장 연로하다고 했다. 볼일을 마친 코끼리는 큰 귀를 펄럭거렸다. 마치 길을 비키라고 위협하는 듯 보이지만, 사실 귀를 부채처럼 흔들어 체온을 조절하는 행동일 뿐이다.

사파리 차량은 정해진 길로만 다녀야 하기 때문에, 코끼리를 만나면,
지날 때까지 얌전히 기다리는 수밖에 없다.

표범을 타고 아프리카 초원으로

얼마 전 인도의 한 마을에서 야생 코끼리 떼가 술을 찾기 위해 내려와 난동을 부려, 주민 세 명이 목숨을 잃는 끔찍한 일이 벌어졌다. 코끼리가 마신 술은 원숭이들이 따먹고 버린 무화과가 발효된 것이다.

병에 포도를 넣고 뚜껑을 닫아 산소를 차단하면 포도주를 만들 수 있는데, 포도의 효모에 의해 알코올발효가 일어나 에탄올이 만들어지기 때문이다. 원숭이가 버린 무화과도 알코올발효를 거친 에탄올의 맛을 낸다. 이런 자연발생적 술을 마신 코끼리들은 난동을 부리거나 비틀거리기도 한다. 나중에는 일부러 찾아 먹기도 한다. 멧돼지와 기린도 이렇게 술을 마신 뒤 종종 휘청거리고 뒹군다고 한다. 환경오염과 개발, 밀렵으로 삶의 터전을 위협받아 스트레스가 늘었기 때문일까?

코끼리는 사람이 접근할 수 없는 골짜기 같은 곳으로 들어가 홀로 죽음을 맞이한다고 알려져있다. 코끼리 무덤에는 수많은 상아가 쌓여있어 코끼리 무덤을 발견한 사람은 벼락부자가 된다는 이야기도 전해진다. 그러나 이런 소문은 밀렵이 금지된 코끼리를 사냥해 상아를 가져오려고 꾸며낸 거짓말이다. 무덤에서 가져왔다고 변명하면 처벌을 피할 수 있을 테니 둘러댄 것이다. 지금까지 코끼리 무덤을 보았다는 사람은 〈아라비안나이트〉에 나오는 신밧드, 단 한 사람뿐이다. 물론 그 이야기도 '믿거나 말거나'인 건 마찬가지다. 온갖 소문과 달리 코끼리는 자신의 집에서 편안히 숨을 거둔다.

몸짱 부인 22명과 사는 남편

소똥으로 만든 22개의 침실

응고롱고로를 마지막으로 2박 3일 일정의 사파리가 끝나고, 모시로 돌아 가는 길에 마사이 마을을 들르기로 했다. '아프리카' 하면 타고난 '몸짱' 부족인 마사이족이 떠오른다. 평균 신장이 180센티미터로, 군살 하나 없 는 늘씬한 몸매는 부러움의 대상이다. 또 뚜렷한 이목구비와 매끄러운 피 부는 그들의 건강미를 더욱 돋보이게 한다. 우리나라에서도 '마사이족' 을 제목으로 내세운 책이 팔리고, 신기만 하면 건강해질 것 같은 '마사이 슈즈'도 인기를 끈다.

요즘에는 관광객에게 입장료를 받는 마사이 마을이 많아졌다. 생업 인 소몰이는 나가지 않고 전문적으로 관광객만 맞는 마을이 있는가 하 면, 남자는 목축을 하고 여자와 아이들이 관광객을 담당하는 곳도 있다. 길거리에서 사진을 찍을 때도 별도로 1달러를 요구하는 경우도 예삿일

사파리가 끝난 뒤 마사이족 마을에 들렀다.
입장료를 내고 들어가 영어로 안내받을 수 있는 곳이었다.

이다. 마사이족이 돈맛에 물들어가고 있다는 곱지 않은 시선도 있지만 꼭 그렇게 생각할 일도 아니다. 누구나 개인공간을 공개하는 일은 귀찮고 불편한 일이다. 그 대가라고 생각하면 마음 상할 이유가 없다.

마사이 마을에는 여든다섯 살의 남편이 22명의 부인과 함께 살고 있었다. 자식은 무려 52명이다. 영어로 안내하는 남자는 도시에서 현대식

여든다섯 살의 남편은 부인이 22명, 자식이 52명이었다.
옳고 그름을 따질 수는 없지만, 마음이 불편했던 건 사실이다.

교육을 받고 온, 첫 번째 부인의 아들이었다.

마을에 들어서자 화려한 장신구로 치장한 남자들이 환영의 춤을 추며 우리를 맞는다. 일렬로 길게 서서 노래를 부르며 '아두무'라는 전통 춤을 춘다. 한 사람씩 번갈아 나오면서 제 키만큼이나 껑충 뛰어오른다. 이미 나이로비의 민속촌에서 보았지만 훨씬 역동적이다. 제자리에서 뛰어오르는 단순한 동작이지만, 멀리 있는 사냥감을 찾고, 다른 부족에게 용맹함을 자랑하기 위한 춤이라고 큰아들이 설명해주었다.

춤이 끝나고 마을을 둘러보았다. 큰 마당을 중심으로 집들이 옹기종기 들어서있고, 잡목과 가시덤불로 주변에 울타리가 쳐있었다. 다른 부족이나 야생동물의 습격을 막기 위해서다. 부인마다 움집이 한 채씩 있었으니, 남편에게는 무려 침실이 22개인 셈이었다. 그러나 정작 남편은 따로 집을 짓지 않는다. 매일 밤 부인의 집을 돌아가면서 자는 '로테이션 시스템'이라고 큰아들은 설명한다. 또 부인이 사는 움집은 시집 온 부인이 스스로 지어야 한다는 점이 특이했다. 이때도 남편이 아니라 다른 부인들의 도움으로 집을 완성한다.

아프리카에서 내 몸값은 1억?

집은 소똥으로 만든다. 냄새는 나지만 생각처럼 심하지 않다. 집을 지을 때는 먼저 나무 기둥을 세우고 그 사이에 나뭇가지를 엮은 뒤 소똥과 재를 이겨 벽을 바른다. 소똥은 섬유질이 풍부하고 기름기가 없어 우기에도 비바람을 충분히 견뎌낸다. 또 소똥으로 지은 집은 벌레도 잘 생기지 않고 습도를 조절하며 바람을 잘 통과시켜 시원하다. 추울 때는 소똥을

마사이족의 집은 소똥으로 만든다는 점 말고도
출입문이 없어서 신기했다. 부엌에는 나무를 때는 화덕이 있었다.

나이가 가장 어린 부인은 남편과 나이차가 무려 70세나 난다고 했다.
앳된 얼굴의 이 소녀는 이미 한 아이의 엄마였다.

모아 불을 지핀다고 하니 마사이족에게 소똥은 삶의 필수품이다.

좁고 어두운 통로를 따라 원형 움집의 안으로 들어가니 부엌과 침실 두 개가 있다. 큰 방은 아버지가, 작은 방은 부인과 아이가 쓴다. 방이래 야 맨바닥에 나뭇가지를 엮어 깔고 그 위에 소가죽을 덮은 것이다. 출입 구에서 안으로 들어가는 통로가 굽어져있는데, 야생동물의 침입을 막기 위한 구조다. 그런데 출입구에 문이 없다. 사람들의 자유로운 소통까지 막지 않으려는 배려가 깔려있다는 설명이다. 하지만 내가 보기에는 소 똥으로 문까지 만들기가 어려워서 그런 게 아닐까 싶었다.

스물두 명의 부인 가운데 가장 나이가 어린 부인은 열다섯 살. 무려 일흔 살이나 차이 나는 남편이라…… 손녀, 아니 증손녀 뻘이다. 85세의 남편은 마침 부족 회의가 있어서 옆 마을에 갔다고 했다. 아직 앳된 얼 굴의 막내 부인은 이미 한 아이의 엄마였다. 조심스럽게 할례 의식을 치 렀는지 물었다.

"마사이족 여성은 할례를 치르지 않으면 결혼할 수 없어요. 할례는 마 사이족 여성에게 신성한 의무이기 때문에 자랑스럽게 생각해요."

물론 영어를 못하는 그녀를 대신해 큰아들이 해준 대답이다.

마사이족 남자는 결혼할 때 여자 집에 소 5~10마리 정도를 신부 대 금으로 준다. 신부가 예쁘면 최대 20마리까지 주기도 한단다. 그러니 부 인의 수는 남자의 능력에 따라 정해진다. 반대로 딸을 가진 부모의 입장 에서는 딸이 재산 증식의 수단이다. 안내하는 큰아들에게 나는 얼마 정

도 줄 수 있느냐고 물었다. 당황한 아들은 눈치를 보며 잠시 머뭇거리더니, 19마리 정도 주겠다고 대답했다. 한우 한 마리 가격이 500만 원쯤이니, 나는 1억에 가까운 몸값이란 결론.

전설에 의하면 마사이족은 그들의 신 응가이와 하늘나라에서 살고 있었다. 그러던 어느 날 지상의 풍경에 반해, 소와 염소, 양을 기르고 그 젖만 먹고 살겠다는 조건으로 허락을 받아, 이곳으로 내려왔다. 그러나 마사이족이 약속을 어기고 사슴을 잡아먹자, 화가 난 신은 다시 하늘로 올라오지 못하도록 밧줄을 끊어버렸다. 신이 남긴 마지막 기회는 가축의 수가 신이 만족할 만큼 불어나면, 밧줄을 다시 내려주겠다는 것이었다.

여전히 마사이족은 신이 다시 부를 그날을 기다리며 살고 있다. 문제는 다른 부족의 가축도 본래는 마사이족의 재산이고, 언제든 다시 가져와야 한다고 생각한다는 점이다. 이렇듯 가축을 지키기 위해 사자에 맞서고 다른 부족과 싸우면서 마사이족은

다양한 장신구로 멋을 낸 마사이족 여인들.

용맹스러워졌다.

제국주의 시대에 아프리카 흑인들은 노예선에 실려 유럽이나 신대륙으로 팔려갔다. 그러나 모든 종족이 노예로 가치가 있지는 않았다. 마사이족과 피그미족은 선호하지 않았다. 피그미족은 유난히 키가 작은 데다 왜소했고, 마사이족은 키는 컸지만 비쩍 말라 노예로서는 별 매력이 없었다고 한다. 그러나 마사이족의 이야기는 약간 달랐다. '죽거나 혹은 죽이거나' 둘 중 하나를 택하는 마사이족의 호전적인 성격 때문에 노예로 끌고 가지 못했다고 한다. 하기는 사자도 피하는 마사이족을 그 누가 잡아갈 수 있었을까?

그런 마사이족에게도 변화의 바람이 불었다. 정착촌에서 농사를 짓기도 하고 도시 근로자로 떠나기도 한다. 관광객을 대상으로 달러를 벌기도 한다. 관광지는 물론, 대도시 근교에서도 마사이족의 모습을 쉽게 만날 수 있다. 마을을 나오는데 직접 만든 구슬목걸이를 보여준다. 흥정하는 동안 한 개에 2달러였던 팔찌 가격이 세 개에 2달러까지 내려갔다. 여전히 전통적 생활방식을 고수하는 마사이족도 적지 않고, 삶의 방식이 다양해지는 것도 어쩔 수 없는 일이지만, 맨손으로 사자를 때려잡던 용맹함이 그리운 건 사실이다.

Tanzania-Dar es Salaam-Zanzibar-Mbeya-

사파리
특급열차를타다

02

아랍의 미로 속에서 길을 잃다

아름다운 항구, 다르에스살람으로

새벽 6시, 모시를 출발한 고속버스는 다르에스살람을 향해 일곱 시간을 달렸다. 이른 시각이었지만 버스는 현지인들로 가득했다. 이름을 알 수 없는 몇몇 마을을 지나면서 승객이 내리기도 하고 더 타기도 했다. 좌석이 부족할 때는 보조의자를 이용해 통로에 앉는다. 들르는 마을마다 옥수수나 삶은 계란을 팔기 위해 버스 주위로 사람들이 모여들었다. 버스기사는 그때마다 자루에 가득 담긴 숯이며 살아있는 닭, 계란 등을 샀다. 고속버스가 아니라 장보기 버스를 얻어 탄 것 같았다.

많은 사람들이 휴게소에서 '음주주'라는 바나나 숯불구이를 많이 사 먹었다. 군고구마 맛과 비슷한데 목이 메어 많이 먹긴 부담스럽다. 아프리카에서는 바나나를 삶거나 찌거나 굽거나 튀겨서 끼니로 먹는다. 우리는 바나나를 열대과일로만 알고 있지만, 과일로 먹는 바나나는 전 세

시장에서 본 달콤한 열대과일들과 바나나 숯불 구이인 음주주.
아프리카에서는 바나나를 삶고 튀기고, 구워 먹는다.

계의 500여 종 가운데 일부에 불과하다. 바나나는 심은 지 일 년이 지나
면 열매가 열리는데, 그 뒤 2개월이면 수확할 수 있다고 한다. 2개월이
또 지나면, 다시 열매가 열린다. 잎은 사료나 바구니를 짜는 데 쓰인다.
특별히 관리하지 않아도 잘 자라기 때문에 '늙은 여자 혼자 열 남자를
먹여 살릴 수 있다.'는 말이 전해질 정도로 유용하다.

　오후 1시 반, 다르에스살람에 도착했다. 일찍이 동아프리카 연안 무
역을 위해 아랍인이 활발히 드나들던 항구답게 이름도 '평화로운 항구'
라는 뜻의 아랍어. 지금 탄자니아 수도는 내륙 중심의 도도마Dodoma 지
만, 항구 도시 다르에스살람이 사실상 탄자니아 정치·경제의 중심지 역

할을 하고 있다.

잔지바르섬은 다르에스살람과 함께 한때 인도양 최고의 무역항이었다. 지금은 항구로서의 명성이 많이 사라졌지만 아랍인들의 영향을 받은 도시 구조, 아프리카와 아랍이 합쳐진 독특한 문화를 보기 위해 많은 사람들이 찾는다. 나는 무엇보다 잔지바르 바닷속을 탐험할 마음으로 설레었다.

매일 다르에스살람과 잔지바르를 오가는 비행기가 있지만, 대부분 여행자들은 페리를 타고 잔지바르로 들어간다. 항구에 도착해서 뱃삯을 물어보니 35달러라고 했다. 생각보다 가격이 만만치 않다. 현지인은 외국인의 절반 가격이다.

페리의 출발 시간은 오후 4시였다. 출항 시간이 다가오자 선착장으로 사람들이 밀려들었다. 분명 우리 일행은 앞쪽에 줄을 섰는데 도무지 통로를 빠져나가지 못하고 제자리다. 가까스로 배에 올랐지만 이번에는 자리싸움이 기다리고 있었다. 결국 배낭을 놓을 공간만 겨우 확보했다.

바다에는 예전 페르시아 상인들도 탔던 다우(Dhaw, 돛이 하나나 둘인 아랍의 범선)가 지나가고 있다. 배를 타고 한 시간 정도 항해하자 공사 중인 '경탄의 집'과 함께 잔지바르 항구가 보이기 시작했다. 남북으로 작은 산등성이가 이어진 길쭉한 모양의 섬 잔지바르는 제주도 정도의 크기다. '잔지바르'라는 이름은 잔지(zanzi, 흑인)와 바르(bar, 해안)가 합쳐진 페르시아어로 '검은 해안'을 의미한다.

다르에스살람에서 잔지바르로 향하는 페리를 탔다.
아프리카 최초로 전기가 들어온 것으로 유명한 '경탄의 집'이 보였다.

선착장에는 출입국관리사무소가 있었다. 잔지바르에 가려면 탄자니아 비자가 있어도 다시 입국 심사를 받아야 한다. 이렇게 한 나라 안에서 다시 한 번 입국 수속을 해야 하는 이유는, 애초부터 잔지바르가 탄자니아에 속한 섬이 아니라 독립국이었기 때문이다. 1964년 본토의 '탕가니카'와 '잔지바르'가 합쳐져 현재의 '탄자니아'가 되었지만, 잔지바르는 여전히 독립을 요구하고 있다. 미리 여권을 준비하지 않은 여행자들은 가방 속 깊이 넣어 두었던 여권을 꺼내느라 부산을 떨고 있었다. 아는 것이 힘! 잔지바르의 사연을 알고 미리 준비한 여권 덕분에 나는 가장 먼저 수속을 마치고 유유히 빠져나왔다.

스톤타운, 미로 속을 헤매다

잔지바르의 중심지는 섬 서쪽으로 툭 튀어나온 반도에 있다. 크리크 로드Creek Road와 바다로 둘러싸인 삼각형 모양의 시내는 미로처럼 복잡하다. 구불구불한 길을 따라 아랍의 석조 가옥이 들어서 '스톤타운'으로 불린다.

예약한 숙소를 찾아 스톤타운으로 들어섰다. 스톤타운은 화려하게 장식된 대문과 높이가 2층 이상인 집들이 빽빽하게 미로를 이루고 있었다. 방향 감각에 대한 자신감과 잔지바르의 상세한 지도가 있었지만, 아랍의 미로에서는 아무 소용이 없었다. 골목골목이 다 똑같아 보였다. 비슷비슷한 상점과 골동품 가게가 더 헷갈리게 만들어 조금 전 보았던 모스크가 또 나타났다. 완전히 방향 감각을 잃어버린 채 바보처럼 제자리에서 뱅뱅 돌았다.

단순히 길을 잃은 상황이었지만, 마치 타임머신을 타고 아랍의 세계로 들어선 것처럼 느낌이 묘했다. 문득 어린 시절 읽었던 〈알리바바와 40인의 도둑〉 이야기가 생각났다. 도

어디선가 40인의 도둑이 나타날 것 같은 착각에 빠뜨리는 미로 골목. 적의 침입을 막기 위한 목적 외에도, 그늘이 지고 바람이 잘 통하는 이점이 있다.

잔지바르 주민의 대부분은 이슬람교도다.
예배 시간이 되면 모스크로 사람들이 모여들고, 히잡을 쓴 여성들도 눈에 띈다.

둑의 우두머리가 알리바바의 집을 찾아 대문에 표시했는데, 다음 날 알리바바가 모든 집에 똑같이 표시해서 도둑들이 집을 찾을 수 없었다는 대목이 나온다. 그 이야기 속에 내가 서있는 듯했다.

미로는 고대 그리스의 크레타^{Creta}에서 처음 만들어졌다. 왕은 왕비와의 사이에서 머리는 소, 몸은 사람인 아이가 태어나자, 크노소스^{Knossos} 궁전의 지하에 미로를 만들어 숨어 살게 했다고 전한다.

잔지바르의 미로 골목은 왜 만들어졌을까? 오래전에는 크고 작은 건축물이 자연스럽게 들어섰을 것이다. 그러다 세월이 흐르면서 여러 민족으로부터 침략을 받자, 주민들이 생명과 재산을 보호할 목적으로 자신만 알 수 있는 복잡한 길을 만들기 시작했다. 길을 모르는 적군은 복잡한 미로 골목을 들어서는 순간, 독 안에 든 쥐가 되어버렸다. 좁은 골목의 또 다른 장점은 뜨거운 햇볕이 닿지 않는 데 있다. 복잡하기는 해도 그늘지고 바람이 잘 통해서 시원하다.

길을 걷는 사이 어둠이 내리자 겁이 났다. 어디선가 복면 쓴 40인의 도둑들이 나타나지 않을까? 때마침 길을 안내해주겠다고 나서는 현지인이 이리도 반가울 수 없다. 연거푸 고맙다 인사를 하고 따라갔더니, 그렇게 찾아 헤매던 숙소가 방금까지 뱅뱅 돌던 바로 옆골목이었다. 아까는 왜 이 골목을 그냥 지나쳤을까? 사례를 하면서 속이 쓰렸지만 어쩔 수 없었다.

다음 날 아침, 시내 구경을 나섰다. 어젯밤 헤매고 다녔던 골목이 하

나씩 눈에 들어오기 시작한다. 좁은 골목 사이로 빽빽하게 지은 집들은 산호 분쇄물과 모래로 두껍게 벽을 만들어서 건물 내부가 시원하다. 아랍과 인도의 건축 양식이 고루 섞여있다. 잔지바르 건축의 대표적인 특징은 각종 문양과 조각으로 장식된 문이다. 문의 크기와 나무 재질이 사회적·경제적 지위를 나타낸다. 목재가 두껍고, 열쇠가 무거울수록 높은 지위의 사람이 산다는 뜻이다.

문에 새긴 문양은 그 집안의 소망을 담고 있다. 예를 들어 물고기는 다산을, 나뭇잎은 부를 상징한다. 문에 박혀있는 놋쇠로 된 스파이크는 인도 건축양식의 영향이다. 인도에서는 코끼리가 집으로 돌진하는 경우가 잦은데 이를 막기 위해 뾰족한 놋쇠를 박는다. 물론 잔지바르에 코끼리는 없지만 아랍 문화의 영향으로 비슷한 문을 만든다.

잔지바르에서는 화려한 문이 그 집의 부와 지위를 상징한다. 놋쇠 스파크는 인도 문화의 영향이다.

이젠 스톤타운의 골목에 제법 익숙해졌다. 길을 잃으면 해안도로로 나가서 방향을 잡은 후, 다시 미로로 들어오는 나름의 방법도 터득했다. 가끔 볼펜 한 자루를 얻고 싶어, 속이 빤히 들여다보이는 친절을 베푸는 꼬맹이를 따라가는 일도 재미있다.

쿤타 킨테도 이곳에 있었을까?

비통한 죽음을 기리다

스톤타운의 골목만큼이나 잔지바르의 역사도 복잡하고 이에 얽힌 사연
도 절절하다. 1499년 바스코 다 가마(Vasco da Gama, 1469~1524)의 발길
이 닿은 후 포르투갈의 지배를 받았고, 1832년부터 150년 동안은 아랍
해상왕국 오만의 통치를 받아야 했다. 술탄의 궁전이었던 '경탄의 집'
을 비롯한 대부분의 이슬람 유적지는 모두 이 시대의 건축물이다.

아랍의 술탄은 동아프리카에서 원주민을 잡아다 잔지바르 노예시장
으로 끌고 왔고, 유럽의 상인에게 팔았다. 잔지바르는 향료와 노예를 노
린 유럽 상인들의 아프리카 전초기지였고, 술탄은 이를 통해 막대한 부
를 축적했다. 졸지에 노예로 전락한 동아프리카의 흑인들은 목에 쇠고랑
을 차고 채찍을 맞아가며 잔지바르로 끌려왔다. 스톤타운 중심에 위치한
대성당에는 수만 명의 노예가 머물다 팔려간 흔적이 아직도 남아있다.

흑인 노예들의 영령을 위로하기 위해 노예시장 위에 세워진 대성당.
지하에는 흑인들이 머물던 쪽방이 남아있다.

안내원을 따라 들어간 대성당의 지하에는 노예를 감금하던 쪽방 두 칸이 아직까지 보존되어있다. 방에는 높이 1미터 정도의 턱을 만들어 노예들을 앉혔는데 일어서지도 못할 만큼 천장이 낮고 비좁다. 이 어둡고 좁은 방에 적게는 60~80명 정도의 노예를 쇠사슬로 묶어 감금해두었다고 했다. 상상조차 하고 싶지 않다.

우리가 서있는 단 아래 작은 통로를 화장실로 사용했는데, 오물은 바닷물이 밀려왔다 나갈 때 씻겨 나갔다고 한다. 그들은 빛도 잘 들지

노예들을 감금해두었던 지하 감옥.
햇볕도 들지 않는 이곳에서 흑인들은 며칠을 갇혀있다 북아메리카로 끌려갔다.

않는 이 작은 방에서 굶주림과 두려움에 떨며 팔리기만을 기다렸다. 노
예상인은 흑인들을 하나하나 발가벗겨 등급을 나누고, 달군 쇠로 가슴
에 낙인을 찍었다. 어린 노예들은 몸무게를 달아보고 미달되면 그 자리
에서 죽었다.

지하 감옥에서 며칠을 견뎌낸 흑인들은 노예시장에서 경매에 붙여졌
다. 1873년까지 노예시장이 열렸는데, 노예들이 건강하게 보이도록 기름
을 바르거나, 액세서리로 장식하기도 했다. 불과 200년 전의 일이다. 천
장에는 당시 쇠사슬이 그대로 매달려있었다. 안내원의 설명이 끝나지 않

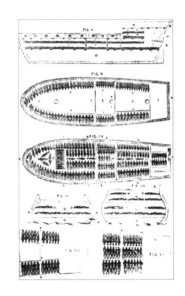

지하 감옥 입구에 걸려있던 당시 노예선의 설계도. 노예상인들은 목과 손발을 쇠사슬로 묶고 흑인들을 차곡차곡 채워넣었다.

앉지만 서둘러 지상으로 올라왔다. 온몸으로 축축함이 느껴지고, 두려움에 몸부림치던 흑인 노예의 혼령이 방안에 떠도는 듯한 느낌을 견딜 수가 없었다.

역사의 비극을 치유하기 위해 노예시장 자리에 대성당을 지었는데, 죽은 노예가 실려 나갔던 쪽을 바라보고 있다. 성당 뒤쪽에는 노예무역에 반대한 영국인 선원을 기리는 스테인드글라스도 있다. 지금은 예배 장소나 결혼식장으로 이용되는데, 오늘 우리가 만난 사람들은 대부분 노예감옥을 보러온 관광객이었다.

노예로 잡혀온 흑인 가운데 5분의 2는 이곳으로 옮겨지면서 목숨을 잃었고, 남은 사람들 중 3분의 1은 기나긴 항해를 견디지 못하고 죽었다. 목숨을 부지한 사람들은 낯선 땅에서 잔혹한 노예 생활을 해야만 했다.

당시 노예선의 상황은 어땠을까? 아프리카에서 북아메리카 대륙을 가는 데는 일반 범선보다 조금 더 빠른 쾌속선을 이용했는데 약 한 달 정도 걸렸다. 빨리 가야 노예의 생존률이 높아지고, 그래야 더 많은 돈

대성당 뒤뜰에 전시되어있는 조각상. 그 당시 사용한 쇠사슬로 조형물을 만들었다.
수많은 흑인들이 이러한 모습으로 바다를 건너 노예로 팔려갔다.

을 벌기 때문이다. 돈에 눈이 먼 노예 상인들은 한 명이라도 더 태우기 위해 좁은 공간에 말 그대로 인간 '화물'을 꽉꽉 채워넣었다. 보통 무릎을 구부린 상태에서 옆으로 눕게 해서 목과 발을 쇠사슬로 묶었다.

그리고 낮은 선반에 이중 삼중으로 첩첩이 쌓았다. 그 열기와 악취, 답답함은 상상할 수조차 없다. 노예선에서 그들은 인간이 아니었다. 똥오줌도 마음대로 처리할 수 없었으니 위에서 떨어지는 오물을 그대로 뒤집어썼다.

되풀이되지 말아야 할 역사

안내원의 설명을 들으면서 여태껏 궁금했던 한 가지 의문이 풀렸다. 왜 흑인을 잡아다 북아메리카의 노예로 부렸을까 하는 것이다. 원주민인 인디오도 있고, 유럽의 죄수들도 있었을 텐데. 아메리카 대륙에서는 농사를 짓고 금광을 캘 노동력이 많이 필요했다. 원주민인 인디오들은 유럽인이 퍼뜨린 질병과 열악한 환경을 견디지 못하고 죽었다. 신체 조건도 오래고 힘든 노동에 적합하지 못했다. 악조건에서 항해한 뒤에도 살아남은 튼튼한 흑인은 가장 인기 좋은 노동력이었다. 백인들이 흑인들을 일일이 찾아내서 납치한 것은 아니다. 현지 족장이나 왕이 다른 부족을 습격해서 노예를 마련했다가 노예상인에게 팔아넘겼다고 한다.

그 당시 노예선에는 사탕수수나 커피·면화 등도 가득 실려있었다.

상당수 노예가 항해 중에 죽었지만 남은 노예를 팔고 본국으로 돌아가면 이윤이 두 배나 세 배였다니 수지맞는 장사였다. 지하 감옥 복도에는 이런 글이 적힌 액자가 걸려있었다.

커피와 설탕이 유럽인의 행복을 위해 꼭 필요한 것인지는 잘 모르겠다. 하지만 이 두 작물은 두 대륙을 확실히 불행에 빠뜨렸다. 그들은 커피나무와 사탕수수를 심기 위해 아메리카를 침략했고, 재배할 사람을 얻기 위해 아프리카를 약탈했다.

오후 여섯 시가 넘으면 '경탄의 집' 앞 공원에는 수많은 포장마차들이 문을 연다. 주로 구운 문어, 오징어 같은 수산물이 대부분이지만 소고기나 간 꼬치, 염소고기 등도 있다. 꼬치는 1개 100실링(우리 돈으로 100원), 문어다리 1개 500실링, 오징어 몸통은 1,000실링이다. 포장마차 주인들은 모두 직접 배를 타고 나가서 잡아왔기 때문에 신선하다고 자랑한다.

옛 노예시장을 돌아보고, 그 당시 일어났던 비극적 역사를 떠올리는 과정은 쉽지 않았다. 오늘따라 힘든 여정을 다녀온 듯 몸과 마음이 축축 처진다. 그나마 잔지바르 항의 활기가 어두운 기억을 조금씩 밀어내고 있었다.

니모 아빠는 여자래요

핑크빛 모래에 사는 바다생물들

새벽 5시에 눈을 떴다. 인도양의 푸른 바다에 뛰어들 상상을 하니 가슴이 벅차서 더 이상 누워있을 수 없었다. 간밤에 바닷속에서 돌고래와 수영하는 꿈을 꿨을 정도다. 잔지바르 스톤타운에는 두 개의 큰 다이빙센터가 있는데, 여행 전 미리 이메일로 예약했던 바하리(bahari, 스와힐리어로 '바다' 라는 뜻) 리조트로 출발했다. 푸근한 인상의 백인 여사장이 기다리고 있었다면서 반갑게 맞아주었다. 그녀는 내 스쿠버다이빙 자격증을 확인하고 최근의 다이빙 경험과 몸 상태를 꼼꼼하게 물었다. 우리나라와 달리 해외 리조트에서는 자격증 확인이 필수다.

잔지바르의 다이빙 포인트는 스톤타운에서 20~30분 거리에 있는 작은 섬의 주변과, 조금 멀리 떨어져있는 펨바섬 주변의 포인트로 나뉜다. 스톤타운 근처의 다이빙 포인트가 다양한 산호와 난파선을 볼 수 있는

스톤다운의 다이빙센터.
세계 각지의 다이버들이 인도양의 푸른 물을 찾아 모여든다.

초·중급 수준의 코스인데 비해, 펨바섬 주변은 절벽 다이빙과 우주유영을 하듯 떠다니는 조류 다이빙을 즐길 수 있다. 아쉽지만 일정상 스톤타운 주변의 세 군데 포인트만 가기로 했다. 다이빙 장비를 빌리고, 잠수복으로 갈아입은 다음 해변으로 향했다. 어선을 개조한 배가 기다리고 있었는데, 지금까지 본 다이빙선과는 달랐다. 검정색 다이빙복을 멋지게 차려 입은 흑인 요원들이 반갑게 손을 흔들었다.

배에는 이미 일곱 명의 다이버가 타고 있었다. 배를 타고 이동하면서 각자 자신을 소개했다. 휴양 겸 왔다는 이스라엘 남자, 2년에 걸쳐 세계여행을 하고 있다는 네덜란드인, 그와 다르에스살람에서 만났다는 영국인, 아프리카에 자원봉사를 하기 위해 왔다는 프랑스인…… 그러나 단연 관심의 대상은 낯선 동양에서 온 여성 다이버인 나였다.

가이드가 각자의 레벨에 맞게 짝을 정해주었다. 바다 속에서는 어떤 위험이 닥칠지 모르기 때문에, 항상 둘 이상이 호흡을 맞추는 체제다. 내 짝은 세계여행 중인 준수한 외모의 네덜란드 총각이다. 직업이 있었지만 여행을 위해 그만두었다고 한다. 나중에 본국으로 돌아가서 취업이 되지 않으면 어떻게 하느냐고 물었더니, 취업정책이 잘되어있어 그런 걱정은 하지 않는단다. 키도 작은 동양 여자가 20킬로그램은 족히 넘는 장비를 들고 다니는 게 마음에 걸렸나 보다. 잘생긴 데다 착하기까지 한 내 짝은 공기탱크도 들어주고 친절하게 장비 점검도 해준다. 이래 봬도 한국에서는 200회를 넘긴 수준급 다이버인데 말이다.

해변을 출발한 지 20분쯤 지나서 첫 포인트에 도착했다. 바웨^{Bawe}섬
앞이다. 40분간의 잠수를 계획하고 입수했다. 수면은 거울처럼 고요했
다. 위에서 내려다 본 깊이는 20미터쯤 되는 듯했다. 물속은 잠수복이
거북할 정도로 따뜻했다. 바닥에 도달하니 뱀장어가 모래밭에 몸을 숨
기고 빠끔히 고개를 내밀고 있다. 가까이 다가가자 이내 모래 속으로 쏙
숨어버린다.

산호가루로 만들어진 핑크빛 모래에 비춰진 햇살은 물결 따라 흘렀

인도양으로 드디어 입수!
들어가자마자 모래밭에 몸을 숨기고 고개를 쏙 내밀고 있는 뱀장어를 만났다.

다. 모랫바닥을 지나면 산호초가 이어지는데 사슴뿔산호, 판산호, 스펀지산호, 사람의 뇌처럼 생긴 두뇌산호 등 다양하다.

엄지손가락 길이의 해마가 해초에 꼬리를 감고 있다. 해마는 수컷이 암컷 대신 출산하는 동물로 유명하다. 수컷에는 육아 주머니가 있는데 암컷이 그 안에 알을 낳는다. 20여 일 지나 알이 부화할 때 수컷은 심한 고통을 느낀다. 그래서 수컷이 임신한다고 오해받기도 하지만 '알이 클 때까지 수컷이 품는다'는 표현이 더 맞다.

해마는 머리와 몸통이 직각으로 구부러진 유일한 물고기다. 이동할 때도 몸을 꼿꼿이 세우고 수영한다. 해마의 머리는 위아래로는 구부릴 수 있지만, 옆으로 돌릴 수는 없다. 대신 눈은 모든 방향을 볼 수 있도록 360도 회전이 가능하다. 비늘 대신 갑옷 같은 뼈로 싸여있는데, 얼마나 단단한지 말라버린 해마를 사람 손으로 부수는 일은 거의 불가능하다. 빨리 움직이지 못하기 때문에 게나 가오리 같은 천적의 먹이가 된다. 〈그리스 신화〉에서는 바다의 신 포세이돈의 마차를 끄는 용감한 신하로 등장하지만, 실제로는 꼬리로 해초를 붙잡고 몸 색깔을 바꿔 위장하는 게 방어의 전부인 녀석들이다.

해마의 가장 큰 천적은 역시 사람이다. 유럽에서는 말린 해마를 열쇠고리나 장신구에 넣은 기념품이 팔리고, 중국에서는 500년 전부터 해마를 약재로 쓰고 있다. 요즘 해마의 가장 큰 천적은 약재로 사용하기 위해 마구잡이로 잡는 중국인이다. 수면 위로 올라갈 시간이다. 천천히

호흡해 폐 속의 공기량을 조절하며 떠오른다. 수면 위로 오후의 햇살이
눈부시게 내리고 있다.

인도양에서 거북이 잡아타기

두 번째 다이빙은 무룽구^{Murogo}섬의 북쪽에서 입수한다. 최대 수심은 30
미터로 바다거북이 많은 곳이다. 천천히 내려가면서 20여 마리의 배너
피쉬를 만났다. 배너피쉬는 등지느러미가 마치 깃대같이 보여서 붙은
이름이다. 몸을 완전히 펴면 족히 2미터는 될 것 같은 큰닻해삼도 있다.
바다뱀처럼 보여 깜짝 놀랐다. 사람이 건드리지 않는다면 먼저 공격하

암컷 대신 수컷이 출산의 고통을 겪는 해마. 머리와 몸통이 직각으로 구부러진
유일한 물고기다. 오른쪽은 등지느러미가 깃대처럼 생긴 배너피쉬.

사 파 리 특 급 열 차 를 타 다

는 일은 거의 없지만, 바다뱀은 육지의 뱀보다 서른 배 이상 독이 강하기 때문에 조심해야 한다.

15미터 수심에는 클라운피쉬 가족이 말미잘에 둥지를 틀었다. 클라운피쉬는 말미잘(영어로 '씨 아네모네sea anemone') 안에 살기 때문에 아네모네피쉬라 지칭하기도 한다. 제주 바다에서도 볼 수 있는데 우리나라 이름은 '흰동가리돔'이다. 예쁘게 생겼지만 다혈질이라 다이버가 다가가면 이리저리 번잡스럽게 움직인다.

녀석들은 애니메이션 영화 〈니모를 찾아서〉의 주인공으로 친숙하다. 산호초에 사는 클라운피쉬 말린이 인간에게 잡혀간 아들 니모Nemo를 찾아 떠나는 모험 이야기다. 온갖 고생 끝에 말린은 결국 니모를 구출하고, 하수구를 통해 오스트레일리아의 시드니 앞바다로 빠져나온다. '니모'는 아네모네에서 따온 이름이다.

영화처럼 클라운피쉬는 치명적인 독을 내뿜는 말미잘과 공생하면서 다른 물고기의 공격을 피한다. 몸을 덮은 점액질에 말미잘의 촉수에서 떨어져 나온 피부조직을 붙이고 다님으로써 말미잘의 공격에서 자유로울 수 있다. 이렇게 하면 말미잘의 자포(외부로 돌출되어 적을 인식하고 공격하는 강장동물의 세포기관)는 클라운피쉬를 자신의 몸으로 인식해 공격하지 않는다.

클라운피쉬는 엄격한 모계사회를 이루며 생활한다. 그런데 신기하게도 몇 마리가 모여 살든 가장 덩치가 큰 개체가 암컷, 그 다음으로 큰 개체가 수컷이 된다. 또 하나 재미있는 사실은 다른 나머지 개체는 모두 성을 갖고 있지 않은 상태로 생활한다는 것이다. 그러다 암컷이나 수컷 가운데 한 마리가 사라지면 성이 없던 개체들 중 한 마리가 새로 성을 갖는다. 이때도 물론 가장 덩치 큰 개체가 암컷이 된다. 만약 암컷이 죽으면 파트너였던 수컷이 성을 전환하여 암컷을 대신한다. 동시에 성이 없던 개체들 중 한 마리가 새롭게 생식기능을 갖춘 수컷으로 변한다.

수컷은 정소와 기능성 없는 난소를 모두 가지고 있는데, 암컷이 사라지고 성전환이 필요해지면 정소는 기능을 멈추고 난소가 점차 활동성을 갖는다. 영화처럼 '바라쿠다barracuda'의 공격으로 엄마가 죽고 니모와 아빠가 남으면, 니모의 아빠 말린이 성전환을 하여 엄마 역할을 하고, 니모가 아빠 역할을 해서 부부가 되는 셈이다.

바위 틈에는 노란색의 씬벵이가 몸을 숨기고 있다. 비늘이 없어 미끈거릴 것 같은 피부에 울퉁불퉁한 돌기가 솟아있다. 관절이 있는 가슴지느러미는 헤엄보다는 걷기에 알맞게 진화되었다. 마치 발이 있는 것 같다. 네 발로 돌을 잡고 서기도 하고 걷는 것처럼 엉금엉금 유영한다.

지금까지 보았던 씬벵이들은 무리를 이루지 않고 언제나 단독생활을 한다. 상대의 존재를 참지 못하는 고독을 즐기는 물고기인 셈이다. 수족관 내에 함께 넣어두니 서로 잡아먹었다는 연구 결과도 있다. 그런 씬벵이도 생식기에는 상대의 존재를 참는다. 수컷은 주둥이로 쿡쿡 찌르면서 암컷을 유혹하고, 암컷이 알을 낳으면 정자를 뿜어 수정시킨다. 그러나 짝짓기가 끝나면 암수는 다시 '쿨' 하게 헤어진다.

씬벵이는 보통 물고기들처럼 헤엄쳐서 먹이를 잡지 않고, 낚시를 해서 먹고 산다. 입과 연결된 낚싯대 끝에는 미끼까지 달려있다. 다리 역할을 하는 가슴지느러미로 바위 위에 버티고 앉아 먹잇감이 다가오길 기다리는 모습이 영락없는 낚시꾼이다. 미끼 또한 잡고 싶은 물고기에 따라 갯지렁이, 갑각류, 해초류 등 다양하다. 미끼에 현혹되어 다가오는 물고기는 순식간에 씬벵이의 입속으로 빨려 들어간다. 먹이를 삼킬 때 커지는 씬벵이의 입 또한 엽기적이다. 평소의 열두 배까지 크게 벌어지고 자신의 몸보다 두 배나 큰 물고기를 통째로 삼킬 수 있다. 자신보다 큰 먹이를 삼키고는 소화가 될 때까지 그 자리에서 꼼짝도 않는다.

'라이언피쉬' 라고도 불리는 쏠배감펭은 화려하게 펼쳐진 가슴지느러미가 사자의 갈기와 비슷해 붙은 이름이다. 크게 발달한 가슴지느러

낚시질의 선수 씬벵이와 멋진 갈기를 자랑하는 쏠배감펭.

미를 펼치고 헤엄치는 모습이 마치 나비처럼 보여 관상용으로 키우고 싶어하는 사람도 있다. 하지만 독이 있는 지느러미 가시에 찔리면 몹시 아프고, 상처가 바로 곪는다. 외모처럼 성질도 매우 공격적이다. 넓게 펼친 가슴지느러미로 작은 물고기나 새우 같은 먹잇감을 구석으로 몰아 기절시킨 다음 잡아먹는다.

해초를 뜯고 있는 거북이를 발견했다. 바다거북은 물속 저항을 줄여주는 미끈한 등과 페달처럼 생긴 발로 마치 날갯짓하듯이 움직여 시속 24킬로미터로 헤엄친다. 사람의 자유형 200미터 수영 신기록을 시속으로 환산하면, 세계 신기록이 6.9킬로미터에 불과하니 바다거북을 당해 낼 수 없다. 게다가 바다거북은 한 번에 4,800킬로미터까지 쉬지 않고 헤엄칠 수 있다.

바다거북의 등에 타보기로 했다. 그전의 다이빙에서도 몇 번 성공했 었기에 자신 있었다. 숨을 죽이고 다가가 뒤에서 거북을 덮쳤다. 놀란 거북이 자리를 박차고 헤엄치기 시작했다. 물속의 스쿠터가 따로 없다. 이대로 용궁까지 가면 좋겠다. 한 손으로 등을 잡고, 다른 손으로 등에 붙은 조개와 이끼를 긁어주었다. 동물을 학대했다고 노발대발하는 사람 이 있다면, 거북이의 등을 청소해주기 위해 어쩔 수 없었다는 변명을 댈 수 있지 않을까.

마지막에는 풍구Fungo섬 근처에서 난파선 다이빙을 떠났다. 입수해서 바닥에 도달하자 평범한 모랫바닥이다. 순간적으로 하강할 때 방향을

바다거북의 등을 타고 달리는 기분이란, 용왕님이 부럽지 않다.
단, 녀석이 싫어하지 않게 '잠시만' 함께하고 놓아주어야 한다.

잘못 잡았나 생각했지만 가이드를 따라 50미터 정도 이동하니 그리 크지 않은 난파선이 나타났다. 아무도 이 배의 이름과 침몰한 날짜를 모른다. 다만 수없이 바다를 오가던 노예선 가운데 하나라 추측할 뿐이다. 지금은 바다 속 생물의 보금자리가 되어있다. 선체의 작은 틈에는 청소새우가 살고 갑판에는 수많은 해송이 정원을 이루었다.

난파선의 내부로 들어가기로 했다. 언제 무너질지 모르는 녹슨 철판 사이로 지나간다. 자칫 발차기라도 하면 부유물이 시야를 가릴 뿐만 아니라 길을 잃을 수도 있어, 좁은 공간을 조심스럽게 미끄러지듯 지나야 한다.

무사히 난파선을 빠져나왔다고 안도할 때쯤 뒤가 쑤욱 빠지는 느낌

이 들었다. 매고 있던 공기통이 빠져버렸다. 입수 전에는 모든 장비를 확인해야 하는데, 요원만 믿고 직접 보지 않은 점이 실수였다. 그렇다고 짝에게 부탁하자니 시간을 뺏는 것 같았다. 할 수 없이 아기를 업은 듯한 엉거주춤한 모양으로 다니자, 짝이 순식간에 다가오더니 바닥에 앉으란다. 숨을 쭉 내쉬어 몸속의 공기를 밖으로 내보내니 몸은 천천히 바닥으로 가라앉았다. 무릎을 꿇어 자리를 잡고 짝은 뒤쪽으로 가서 공기통의 벨트를 다시 채워주었다.

마지막 다이빙을 마치고 수면으로 올라오자 어둠이 깔리고 있었다. 내 실수로 네덜란드 친구의 스쿠버다이빙을 방해한 것 같아 미안했다. 그는 오히려 자신이 챙기지 못해 사고가 날 뻔 했다며 미안해했다.

배에 올라 리조트로 돌아왔다. 이제 친절

난파선에서는 동작을 조심해야 한다.
시야가 어둡고 선체가 무너질 위험이 크기 때문이다.

한 짝궁과도 작별이다. 그는 내일 펨바섬으로 이동해서 다이빙을 더하고, 화요일에 출발하는 타자라 열차를 타고 잠비아로 간다고 했다. 나는 내일 아침 일찍 배를 타고 다르에스살람으로 되돌아가야 했다. 금요일에 출발하는 타자라 열차를 타야 하기 때문이다. 다음 도시인 리빙스턴에 메모를 남기기로 약속했다. 인연이 된다면 빅토리아 폭포 아래에서 다시 만나지 않을까.

기차에는 왜 안전벨트가 없을까?

사파리 기차 여행, 출발!

날이 밝지도 않았지만 배낭을 짊어지고 잔지바르 항구까지 20분을 걸으니 온몸이 땀으로 젖고 말았다. 항구에서 수속을 밟고 기다리는 동안 인도양을 내려다보았다. 이제 막 하루를 여는 작은 배들이 일터로 떠나고 있었다. 다르에스살람 항구에 도착하니 어김없이 호객꾼들이 몰려들었다. 아무리 좋은 가격을 불러도 선금을 달라면 거절해야 한다. 돈을 받고 도망가 버리기 일쑤이기 때문이다. 시간이 흘러 호객꾼들이 하나둘씩 떨어져 나가자 택시 가격도 반값으로 떨어졌다.

탄자니아에서 잠비아로 넘어가는 가장 좋은 방법은 두 나라에 걸쳐 남북으로 길게 연결되어있는 타자라 기차를 이용하는 것이다. 타자라는 '탄자니아–잠비아 철도Tanzania-Zambia Railway'의 준말이다. 덜컹거리고 소음도 심하지만 말라위나 잠비아로 가는 가장 좋은 교통수단이다.

탄자니아 다르에스살람에 있는 타자라 기차역.
이곳에서 '사파리 기차'라 할 수 있는 타자라 열차가 출발한다.

　　타자라는 다르에스살람을 출발해 말라위와 국경지역인 음베야^{Mbeya}
등 147개의 역을 거쳐 잠비아의 뉴카피리음포시^{New Kapiri Mposhi}에 이르는
총 1,860킬로미터를 연결한다. 안내책자에는 30시간 정도 소요된다고
나오지만 사람들 말로는 보통 40시간 남짓이라고 했다. 결론부터 말하
면, 우리는 48시간이나 걸렸다. 우리나라 고속철도로 달리면 아홉 시간
이면 도착할 거리다.

　　버스로는 하루를 꼬박 달리면 충분하다고 했는데도 타자라를 선택한
이유는 기차가 도중에 국립공원을 지나기 때문이었다. 창밖으로 즐기는
'기차 사파리'를 놓칠 수 없었다. 실제로 기차 안에서 꼬박 이틀을 먹고
자고 뒹구는 동안, 시시각각 변하는 감동적인 창밖 풍경 덕분에 지루할

틈이 없었다.

좌석은 4인 1실인 1등석과 6인 1실의 2등석, 좌석이 배정되지 않고 긴 의자만 있는 3등석으로 나뉜다. 안내책자에 따르면 1등석이 2등석보다 두 배나 비싸다고 해서 2등석을 예약했는데, 역에 와보니 15달러밖에 차이가 나지 않았다. 1등석 침대칸으로 바꾸려고 했지만, 이미 모든 표가 팔려 어쩔 수 없었다.

대합실도 1, 2등석과 3등석이 구별되어있는데, 3등석은 각지로 떠나는 현지인이 대부분이었다. 모두들 피난이라도 가는 듯 커다란 보따리를 들고 있었다. 3등석은 좌석이 지정되어있지 않기 때문에 출구가 열리자 사람들이 우르르 일어나 짐을 이고 달리기 시작했다.

이윽고 우리도 기차에 올랐다. 좁은 복도에 철문이 이어져있었고, 삐걱거리는 문을 열고 들어가니 양편에 3층 침대가 있었다. 한쪽에 세 명씩 한 칸에 여섯 명이 자는데 침대에서 일어나면 머리가 천장에 닿는

타자라 기차역의 대합실. 1, 2등석(왼쪽)과 3등석(오른쪽)의 시설이 뚜렷하게 구분된다.

다. 낮에는 침대를 접어 올려 1층에서 마주보고 앉아있다가, 밤이면 2 ·
3층을 펴고 잔다.

1등칸이 궁금해서 구경 갔더니, 창가 테이블을 사이에 두고 2층 침
대 2개가 마주 보고 있었다. 1등석은 2층 침대를 펴놓아도 공간이 넓어
낮에도 침대를 접을 필요가 없었다. 아무 때나 눕거나 앉을 수 있을 뿐
아니라, 침대 자리도 더 뽀송했고 생수와 휴지까지 제공되었다. 외국인
여행자들은 대부분 1등칸을 사용하기 때문에 의심받지 않고 1등칸에만
있는 샤워실을 마음껏 쓸 수 있었다. 비록 달랑 수도꼭지 하나 달려있을
뿐이었지만 말이다.

복도에는 뜨거운 물을 끓이는 주전자가 있었다. 예전에 중국 열차에
서도 보았는데 아프리카에서 다시 볼 줄이야. 주전자는 이 열차가 중국
산이라는 증거다. 열차 이곳저곳의 한자 표지판도 마찬가지다. 타자라
철도는 1970년대 아프리카 국가들에 대한 중국의 대외 원조 계획으로

타자라 기차의 내부는 3층 침대가 양편에 놓인 구조였다.
오른쪽은 뉴카피리음포시가 목적지로 나와있는 기차표.

건설되었다. 당시 이 철도는 내륙국 잠비아의 해양 진출을 도왔을 뿐 아니라, 중국과 아프리카 여러 나라를 긴밀히 연결해주었다. 타자라 철도 건설을 계기로 중국은 여러 아프리카 나라들과 석유·코발트 같은 지하자원의 개발에 대한 협정도 체결했다.

당시 철로 설계는 물론, 건설 인력까지 아프리카 사람이 아닌 중국인을 동원했는데, 공사가 끝나자 뒤처리도 하지 않고 본국으로 돌아가버렸다. 그 후 오랫동안 정비도 제대로 안 하는 바람에 낡아버렸다.

기차에 안전벨트가 없는 이유

승용차나 고속버스, 비행기 등 빠르게 달리는 교통수단에는 모두 안전벨트가 붙어있다. 안전벨트를 매는 가장 큰 이유는 충돌하거나 급정거할 때 탑승자가 튀어나가는 일을 막기 위해서다. 시속 70킬로미터로 달리는 자동차에 탄 사람은 마찬가지 속도로 직접 움직이는 셈이다. 그러다 차가 갑자기 멈추면 안전벨트를 매지 않은 사람의 몸은 관성에 의해 계속 시속 70킬로미터로 달리려 하기 때문에, 핸들이나 차창에 부딪친다. 그 충격은 5층 건물에서 떨어지는 것과 맞먹는다.

그러나 고속철도를 비롯한 모든 기차에는 안전벨트가 없는데, 이는 기차의 엄청난 무게 때문이다. 보통 기차 객실 1량의 무게는 43톤 정도이며, 기관차는 엔진 같은 기계장치의 무게가 더해져 120여 톤에 이른

타자라 기차를 타는 동안 많은 현지인을 만났다.
열차 창가에서 만난 이 아가씨는 얼굴만 보고는 소년인 줄 알았다.

다. 그러니 기관차에 객실 9량이 붙어있다면 기차 무게는 500톤이 넘는
다. 이런 기차가 트럭이나 승용차와 부딪친다면 그 충격이 얼마나 될까?
정답은 '거의 없다'다.

추돌사고가 위험한 이유는 충돌로 속도가 갑자기 줄어들기 때문이
다. 그런데 기차와 충돌한 자동차는 기차 속도를 줄이거나 멈추기에는

만약 타자라 열차와 사파리 차가 충돌한다면, 어떻게 될까? 사고가 났을 때 위험한 이유는 '관성력' 때문이다. 타고 있는 이동 수단은 정지했는데, 사람은 계속 그 속도로 나아가려고 해서 생기는 문제다.

관성력은 물체에 가해지는 가속도와 관련 있는데, 기차는 사파리 차에 비해서 500배 정도 무겁기 때문에, 부딪힌다 해도 속도가 갑자기 줄어들지 않는다. 기차 탑승객이 충돌 사고에 치명적이지 않은 이유다.

반대로 자기보다 무려 500배 정도 무거운 기차에 부딪힌 사파리 차는 가속도가 그만큼 커져 엄청난 충격을 받는다. 만약 기차가 급브레이크를 밟아 갑자기 정지하더라도 제동거리가 길어 자동차끼리 부딪쳤을 때처럼 충격이 크지 않다. 이런 이유 때문에 기차에는 안전벨트가 없다.

너무나 작고 가볍다. 달리는 기차에 1톤 정도의 승용차가 부딪친다 해도 계란으로 바위치기나 마찬가지다. 만약 기차가 급브레이크를 밟아 멈추더라도 제동거리가 길어 자동차끼리 부딪혔을 때와 같은 충격은 받지 않는다. 그래서 기차에는 안전벨트가 없다. 물론 확률이 희박하지만 기차끼리 충돌하거나 탈선할 수도 있으므로, 기차에도 안전벨트가 있는 편이 낫다. 중국이 만들어놓고 나 몰라라 도망가 버린 타자라 열차 같은 경우라면 더더욱 그렇다.

오토바이도 안전벨트가 없는데, 이는 기차와는 정반대의 이유다. 오토바이 사고에서 가장 위험한 경우는 넘어진 오토바이에 운전자가 깔려서 같이 미끄러지는 것이다. 그래서 오토바이 사고가 났을 때는 오토바이에서 뛰어내리는 방법이 가장 안전하다. 물론 헬멧이나 장갑 같은 안전장구를 모두 갖추었을 때를 전제로 하는 말이다. 만약 안전벨트가 있어서 운전자와 오토바이를 한데 묶어둔다면 간단한 찰과상에 그칠 사고에서도 오히려 크게 다칠 수 있다. 그래서 오토바이에는 안전벨트가 없다.

아프리카 사람들은 뭘 먹고 살까?

앗! 기린이다. 누군가 외치는 소리에 창밖으로 내다보니 기린 가족이 서 있었다. 긴 목 덕분에 멀리서도 금세 눈에 띈다. 코뿔소도 볼 수 있을까 기대했지만 꼬리를 흔들며 지나가는 워톡뿐이다. 가끔씩 코끼리 떼의 습격을 받아 몇 시간씩 연착되기도 한단다. 우리 입장에서는 코끼리나 사자 떼의 습격을 받는 모험을 기대했지만 그런 일은 발생하지 않았다. 이 기차를 '사파리 열차' 라 부르는 이유를 이제야 알겠다.

창밖으로 뜨거운 아프리카 대륙이 펼쳐진다. 푸른 초원, 부족끼리 모여 사는 작은 마을, 물동이를 이고 걷는 여인의 모습이 지나간다. 어린 꼬마들은 일주일에 두세 번밖에 지나지 않는 기차가 신기한지 연신 손을 흔들어댄다. 어느덧 어둠이 내려 침대를 펴고 잠자리를 준비했다. 가위바위보로 정한 내 자리는 3층 꼭대기다. 제공되는 담요만으로는 추위를 견디기 힘들 것 같아 침낭을 꺼내 잠자리에 들었다.

다음 날 아침, 객실로 들어와 커피 주문을 받는 승무원의 목소리에 잠이 깼다. 나를 제외한 다섯 명은 충혈된 눈으로 벌써 1층 침대에 앉아 있었다. 기차가 밤새 덜컹거려 잠도 제대로 못 자고, 자리가 불편해서 허리가 아프다고 난리다. 알고 보니 열차가 고지대로 오르다 힘이 부쳐 미끄러지면서 객차끼리 부딪히는 바람에, 소음과 흔들림이 계속되었던 것이다. 사실 나도 잠결에 무엇인가 부딪히는 소리를 들었지만 역에서 객차를 교환하는 줄 알았다. 리듬에 맞춰 흔들리는 게 안마침대에 누워 있는 듯해서 오히려 잘 잤다는 말은 차마 못했다.

또 다시 태양이 떠올랐는데도 기차는 아직도 탄자니아를 달리고 있다. 두세 시간 간격으로 서는 간이역마다 많은 사람들이 저마다 먹을거리를 들고 창가로 모여들었다. 삶은 달걀을 비롯해 삶은 옥수수, 튀긴 닭다리, 구운 생선 등 파는 음식도 다양했다. 음식뿐만 아니라 속옷이나 시계를 팔기도 했다. 멀리서 창밖으로 손만 흔들면 쏜살같이 달려왔다. 이들에게 주어진 시간은 기차가 잠시 서는 몇 분뿐. 주저하다가는 창문으로 몰려든 장사꾼들 뒤에서 멀뚱멀뚱 기차 안 손님에게 안타까운 시선만 보내게 된다. 일주일에 두 번 출발하는 노선이니, 되돌아오는 노선을 고려해도 이 기차를 놓치면 적어도 한나절 이상을 기다려야 한다.

처음에는 바나나나 삶은 달걀만 사먹었지만, 차츰 새로운 음식을 먹어보기로 했다. 잘못 먹고 배탈이 나면 어쩌냐고 걱정하는 이도 있었지만, 돌도 소화할 듯한 막강한 위장이 모든 음식을 무사히 받아주었다. 만두처럼 생긴 빵은 우리나라보다 더 맛있었다.

비좁은 객실에서 여섯 명이 하루 종일 마주앉아 있는 일도 고역이다. 그래서 기차에서 만난 친구들과 물물교환을 시작했다. 물물교환은 경비 절약뿐 아니라 사람들과의 교류에도 도움이 된다. 마사이족 아줌마의 구슬목걸이와 내 낡은 티셔츠를 바꿨고, 옥수수와 양말을 바꿨다. 볼펜, 머리 묶는 고무줄, 다 쓴 화장품 통까지 바꾸지 못할 것이 없었다. 하긴 일전에 불라와요 숙소 앞에 있던 경비원과는 끈 떨어진 모자를 주고 점심 도시락에 들어있던 옥수수를 집어먹었다.

무료함을 달래기 위해 식당칸으로 갔다. 밥을 먹기 위해서라면 굳이 가지 않아도 된다. 식사 시간이면 종업원이 메뉴판을 들고 객실로 찾아

서는 역마다 다양한 먹을거리가 우리를 기다리고 있었다.
근데 그건 무슨 벌레예요? 아무리 물어도 "피프티 실링(우리 돈으로 500원)"만 외친다.
맛이 고소한 이 곤충은 '메뚜기 사촌'쯤일 것이다.

열차에서 먹은 아프리카산 빵. 만두처럼 생겼는데 맛이 일품이었다.
타자라 열차의 식당차. 2박 3일 기차여행의 많은 시간을 여기서 보냈다.

와 주문을 받아 배달까지 해주기 때문이다. 메뉴는 우갈리와 닭고기 또는 소고기를 곁들인 것이다.

아프리카 사람들에게 우갈리는 우리의 밥에 해당한다. 밥도 쌀밥, 보리밥, 잡곡밥 등 여러 종류가 있듯, 우갈리도 재료에 따라 옥수수 우갈리, 카사바^{cassava} 우갈리 등 여러 가지다. 그 가운데 옥수수 우갈리를 가장 많이 먹는데 조리법이 간단하다. 흰 옥수수 가루를 뜨거운 물에 풀어 오랫동안 나무 주걱으로 잘 저으면서 익히면 된다. 처음에는 잘 저어지는데 옥수수 가루가 익어 떡처럼 될수록 찰기가 생겨서 젓기가 쉽지 않다. 그래서 우갈리를 만드는 여인들은 모두 서서 긴 주걱으로 젓는다.

옥수수 가루라고 하면 약간 노르스름한 옥수수 색을 떠올리기 쉽지만, 우갈리 재료가 되는 옥수수는 일단 말렸다가 껍질을 벗기고 빻기 때문에 색이 희다. 옥수수 껍질에는 섬유소도 많고, 폐암을 예방하는 성분도 들어있는데 왜 벗겨내는지 궁금했다. 게다가 껍질을 벗기면서 영양분 많은 배아 부분이 떨어져 나가는데 말이다.

그들의 대답은 의외로 간단했다. 우갈리가 흰색이기 때문이란다. 우리나라에서는 몸에 좋다고 옥수수수염까지 다려 먹는데 흰색 우갈리를 먹기 위해 옥수수의 껍질을 벗긴다니 아깝다는 생각이 들었다. 노란 우갈리나 갈색 우갈리가 무슨 상관인가 싶지만, 예전에 우리가 흰 쌀밥을 고집하던 시절과 비슷하지 않을까 이해하고 넘어갔다. 우갈리는 쌀이나 바나나에 비해 값이 월등하게 싸고 무엇보다 소화되는 데 상당한 시간이 걸려 포만감이 오래 간다. 아프리카의 많은 지역에서 주식으로 대접받고 있는 이유다.

우리가 더운밥을 좋아하듯 우갈리도 반드시 뜨거워야 한다. 그래서 우갈리는 만들어서 바로 먹든가 아니면 보온통에 넣어둔다. 탄자니아에서는 어느 집이나 보온통을 두세 개쯤 가지고 있다고 한다.

우갈리와 밥이 식으면 맛없는 이유는 같다. 재료가 되는 옥수수 가루나 쌀의 주성분은 녹말로, 물을 붓고 열을 가하면 구조가 변한다. 열에 의해 분자 구조가 느슨해지고, 그 사이로 물이 스며들어 부피도 커진다. 전문 용어로는 처음 상태의 녹말을 베타녹말, 물분자로 포함한 녹말을 알파녹말이라고 한다. 알파녹말인 밥에는 물이 들어가 느슨한 구조로 변

하기 때문에 부드러워진다. 그러면 씹기도 쉽고 소화가 잘된다.

식은 밥이 딱딱하고 맛없는 이유는 들어왔던 물분자가 증발해 원래의 베타녹말로 돌아가기 때문이다. 화학 결합 구조의 차이가 결국 밥맛을 결정한다. 밥과 우갈리를 보온밥통에 보관하면 수분 증발을 막을 수 있다.

주문한 식사가 나왔다. 대접에 담았다가 그대로 엎어놓은 듯한 우갈리와 소고기 스프를 곁들인 메뉴의 가격은 우리 돈으로 1,500원이다. 종업원이 가져온 대야에 손을 씻으니 일류 호텔 식당이 부럽지 않았다. 포크로 우갈리를 한 입 떠먹었는데, 아무 맛이 없다. 푸석푸석하고 씹는 느낌도 좋지 않다. 아프리카 사람들은 이걸 끼니마다 어떻게 먹지?

도움을 청하지도 않았는데 보다 못한 옆 자리의 남자가 와서 시범을 보여주었다. 음식을 먹지도 못하고 이리저리 사진이나 찍어대는 모습이 안쓰러웠던 모양이다.

우갈리를 '제대로' 먹는 법은 이랬다. 우선

큰 덩어리에서 한 입 크기로 우갈리를 떼어낸다. 주먹을 쥐었다 폈다 하며 손바닥으로 주무르면 찰기가 생겨 쫄깃쫄깃한 떡처럼 된다. 설탕이 들어가지 않은 백설기 맛이다. 떡처럼 된 우갈리를 같이 나온 스프에 찍어 먹는데 흰 떡을 육개장에 담가 먹는 맛이다. 일반 가정에서는 형편에 따라 콩이나 삶은 멸치, 야채를 푹 익힌 '음치차'라는 국물에 적셔서 건더기와 함께 먹는다고 했다.

우갈리 주무르기에 열중하는 사이 기차는 잠비아 국경에 가까운 대도시 음베야^{Mbeya}에 도착했다. 이곳은 잠비아와 말라위로 길이 나뉘는 곳이기도 해서 많은 사람들이 기차에서 내렸다. 그런데 우리 칸에는 아무도 내리는 사람이 없었다. 복도 없지! 모두 종점까지 가는 사람들이다.

주위가 어두워질 무렵 타자라 열차는 탄자니아의 국경도시 툰두마^{Tunduma}에 도착했다. 탄자니아

아프리카 사람들의 주식인 우갈리 만드는 방법.
흰 가루를 물에 풀어 나무 주걱으로 잘 저으면서 익힌다.
완성한 우갈리는 스프, 고기, 콩 등 다양한 음식과 곁들여 먹는다.

타자라 철도는 탄자니아의 음베야, 툰두마, 잠비아의 나콘데,
음피카 등지를 거쳐 뉴카피리음포시까지 이어진다.

사파리 특급 열차를 타다

잠비아 화폐인 500크와차(왼쪽)는
우리 돈 100원 정도인데, 오래 사용해서
독수리 그림과 글씨가 사라질 정도로 낡았다.
오른쪽은 탄자니아의 실링.

출국 심사관이 기차 안을 돌아다니면
서 출국 확인 도장을 찍어준다. 잠비
아는 탄자니아보다 한 시간 느리다. 국경을 지나 다시 두 시간쯤 달렸을
까? 기차는 잠비아의 국경 도시 나콘데Nakonde에 도착했다. 이번에는 잠
비아 심사관이 기차에 올라 입국심사를 위해 돌아다녔다. 우리는 여전
히 식당칸을 떠나지 않았는데, 이곳에서 입국신고서도 쓰고 비자도 받
았다. 여행한 대부분의 아프리카 나라들이 그렇듯 잠비아도 25달러만
내면 비자를 받을 수 있다. 이것저것 적더니 1분 만에 비자 도장을 찍어
주었다.

잠시 후, 이번에는 환전상들이 기차 안을 돌며 흥정한다. 종착역인
뉴카피리음포시에는 환전소가 없기 때문에 주로 기차 안에서 환전을 한
다. 그 편이 가장 유리하다고 알려져있고, 실제로도 그랬다. 사실 환율
을 따져볼 여유도 없다. 일단 국경을 넘으면 더 이상 탄자니아 돈을 받
지 않는다. 조금 전까지 탄자니아 실링으로 사서 마셨던 킬리만자로 맥
주도 살 수 없다. 지금부터는 '잠비아의 기차' 다.

지구 중심으로
번지점프하다

Victoria Falls-Zambezi

03

햇볕에 까맣게 타면 흑인이 된다고?

'옛 영화'와 '오늘의 가난'이 공존하는 도시

꼬박 이틀을 달려 드디어 종점인 뉴카피리음포시에 도착했다. 뉴카피리음포시는 작은 도시이지만 타자라 열차의 종점이고, 쿠퍼 벨트Copper Belt 지역에서 생산된 구리 산출물이 모이는 교통의 요지다.

　지도에 수도인 루사카로 향하는 버스 정류장이 표시되어있지 않아 우려했는데, 쓸데없는 걱정이었다. 역 앞은 루사카나 다른 지역으로 향하는 손님과 흥정하는 수많은 승합차와 트럭, 승용차로 북새통이었다. 10달러에 루사카까지 가기로 하고 차에 올랐다. 이미 정원을 초과한 것 같은데 차장은 한 사람이라도 더 태우기 위해 여행객을 불러세웠다. 사람과 짐을 통로까지 가득 싣고 나서야 출발했다.

　미니버스는 신호도 건널목도 없는 도로를 쏜살같이 달렸다. 도로가 일직선이긴 했지만 중앙선이 따로 있는 것이 아니라, 상당히 위험해 보

뉴카피리음포시에서 수도인 루사카로 향하는 고속도로.
우리의 1960~1970년대 농촌풍경을 보는 듯하다.

였다. 수도로 향하는 고속도로라고 했는데 도로 옆으로 걸어 다니는 사람이 하도 많아서, 이 길이 맞나 하는 의심이 들었다. 간간히 루사카까지의 거리가 표시된 이정표가 보이긴 했지만, 어디론가 팔려가는 것이 아닐까 내심 불안했다.

200킬로미터의 거리를 세 시간 만에 주파했다. 도로 사정이 좋지 않은 아프리카에서는 매우 드문 경우다. 목적지인 루사카 시외버스 터미널에 드디어 도착했다. 국제 터미널이기도 한 이곳에서 나미비아의 빈트후크Windhoek로 가는 버스도, 다음 목적지인 리빙스턴Livingstone으로 가는 버스도 출발했다.

루사카에서 만난 학생들. 자기들과 다른 내 모습을 보더니 한참 웃는다.
그런데 너희들 겨울 방학 아니니?

루사카는 잠비아 수도이지만 역사가 오래지 않아 볼거리도 그다지
많지 않다. 눈에 띄는 빌딩이나 박물관도 없다. 그런데도 많은 여행자들
이 이곳에 들르는 이유는 빅토리아 폭포가 있는 국경도시 리빙스톤으로
가는 중간 기착지이기 때문이다. 루사카도 케냐의 나이로비처럼 고도
1,300미터에 자리 잡은 고원도시라 기후가 선선하다. 오랜 버스 여행에
지쳐 썩 내키지 않았지만 시내 구경에 나섰다. 카이로 거리를 중심으로
기차역과 버스 터미널, 상점과 대형 마켓, 은행이 한곳에 모여있었다.
그러나 낡은 건물과 쓰레기 때문에 수도다운 매력을 느낄 수 없었다.

시내 동쪽의 신시가지에 자리한 만다힐 쇼핑센터는 여태껏 보아온

잠비아와 사뭇 다르다. 대형마켓과 다국적 은행, 기념품 가게, 화려한 카페는 마치 미국의 한 도시에 와있는 게 아닌가 하는 착각을 불러일으킬 정도였다. 부서지지 않은, 게다가 광을 낸 자동차도 오랜만에 보았다. 보드를 타는 아이들의 표정도 여유롭다.

이런 극심한 빈부격차는 잠비아뿐 아니라 독립한 지 얼마 안 된 아프리카 여러 나라에서 쉽게 찾아볼 수 있다. 내전, 질병, 부정부패 그리고 잘못된 정치 때문에 '세계 최대 구리 생산국'인 잠비아는 국민의 80퍼센트가 하루 1달러 미만으로 살아가는 지구상에서 가장 가난한 나라 가운데 하나가 되었다.

재잘대는 소리를 따라가니 학교가 보였다. 무작정 들어가 봤다. 나는 교복을 입은 아이들이 귀엽고, 아이들은 내 모습이 신기하다. 자기네 말로 한마디씩 하며 낄낄거린다. 사진도 찍고, 우리나라 돌차기 비슷한 놀이를 하며 한참을 어울렸다. 부탁도 하지 않았는데 사진을 찍으라고 자세를 취해주었다. 우리나라 같으면 겨울 방학 기간인데, 이곳 아이들은 방학이 없나?

피부의 보디가드, 멜라닌

아프리카로 여행을 떠난다고 했을 때 우리 반 아이들이 "선생님, 햇볕에 새까맣게 그을려 흑인이 되어 돌아오면 어떻게 해요?" 하고 걱정했다.

아프리카 사람들은 왜 흑인일까? 태어날 때는 하얀 피부였는데 뜨거운 햇볕에 그을렸을까? 모든 문제의 답은 진화론으로 설명할 수 있다.

오래전 초기 인류는 오늘날 침팬지처럼 온몸이 털로 덮여있었다. 그들은 열대우림을 떠나 사바나 초원으로 삶의 터전을 옮겼는데, 태양에 그대로 노출된 채 먹이를 찾아 끊임없이 움직여야 했기 때문에 땀을 통해 효과적으로 몸을 식혀야 했다. 어쩌면 이 무렵부터 네 발로 기지 않고 두 발로 걷기 시작했는지도 모른다. 두 발로 서서 걸으면 햇빛에 노출되는 부위가 줄어들고 조금이라도 빨리 몸을 식힐 수 있다.

이 과정에서 땀의 증발을 방해하는 두터운 털이 없어지면서 피부가 드러났다. 그러나 털이 없어진 피부는 햇빛, 특히 자외선에 약했다. 결국 자외선을 흡수하고 피부조직을 보호할 수 있는 흑갈색 자외선 차단제인 '멜라닌Melanin'이 만들어졌다. 멜라닌은 자외선으로부터 피부를 보호하기 위해 우리 몸이 스스로 만든 검은 색소다.

화장품 회사에서는 자외선이 피부 노화와 주름을 유발하고, 멜라닌 색소를 활성화시켜 기미와 주근깨를 생기게 한다면서 미백화장품을 선전한다. 물론 지나치게 강한 자외선은 피부를 검게 할 뿐만 아니라 피부암을 일으킬 수도 있다. 하지만 자외선은 비타민D를 생성하는데, 이 비타민D는 우리 몸에 꼭 필요한 칼슘의 흡수를 돕는다. 칼슘이 부족하면 뼈가 휘거나 매우 약해진다. 햇볕을 충분히 쬐면 저항력이 높아지고, 뼈가 튼튼해진다. 그래서 여름에 해수욕을 하면 겨울 감기에 걸리지 않는

일조량이 풍부한 환경에 적응한 아프리카인들은 멜라닌 색소가 많아
검은 피부를 갖고 있다. 건강한 검은 피부 덕분에 맑고 큰 눈이 더욱 뚜렷해 보였다.

다는 말이 있다.

　15만 년 전 빙하기가 끝나갈 무렵, 사바나에 살던 초기 인류 가운데 일부가 아프리카를 떠나 정처 없이 여행을 떠났다. 이 무렵까지 인류는 멜라닌 색소의 양이 많은 흑인이었다. 멜라닌 색소는 짙은 피부일수록 양이 많고 골고루 퍼져있다. 오늘날 볼 수 있는 다양한 피부는 불과 수만 년 사이에 일어난 변화다.

　일조량이 충분하지 못한 북쪽으로 이동한 사람들은 자외선을 효과적으로 흡수할 수 있는 피부가 필요했다. 갈색 눈과 검은 피부에 들어있는 멜라닌 색소는 자외선을 모두 차단해버려 체내 비타민D 생성을 막았다.

결국 뼈가 약해져 생존에 불리했다. 그래서 북쪽 지방 사람들은 멜라닌 색소가 적은 흰색 피부로 진화했다.

반대로 적도 지방에서는 옅은 피부의 사람들이 살아남기 힘들었다. 멜라닌 색소의 양이 적어 자외선이 피부 조직을 파괴했기 때문이다. 그들은 강한 햇빛 때문에 피부질환에 걸리기 일쑤였다. 그래서 적도 지방에서는 강한 햇빛을 차단할 수 있는 검은 피부만 살아남았다. 검은 피부는 강렬한 햇빛으로부터 피부를 보호하기 위한 필수 조건이다.

그렇다면 알래스카처럼 고위도 지방에 사는 에스키모의 피부가 가장 밝아야 하는데 그렇지 않다. 오히려 우리나라 사람들과 비슷하다. 해답은 에스키모 전통적인 식단에 있다. 에스키모는 날생선이나 날고기를 통해 비타민D를 충분히 섭취하기 때문에 더 이상 피부가 하얘질 필요가 없었다.

이렇듯 지구상의 다양한 피부색은 햇빛이 강한 저위도에서는 짙은 피부색이, 약한 고위도에서는 옅은 피부색이 생존에 유리했기 때문에 생긴 적응 현상이다. 우월한 백인과 열등한 유색인이라는 이분법은 생물학·진화론적으로 근거가 없는 엉터리다.

우리나라에서는 크레파스의 '살색'을 다른 이름으로 바꿔달라는 외국인 근로자들의 탄원이 있었다. 무심코 붙인 '살색'이란 표현에 피부색으로 사람을 차별하는 생각이 들어있었던 것이다. 그래서 지금은 '살구색'으로 바꿔 부른다. 이제 우리나라에도 다양한 피부색을 가진 이웃

이 늘고 있다. 이들과 만날 때 피부색은 햇빛에 적응하기 위해 진화한 것뿐이라는 점을 잊지 말자.

더위를 쫓아주는 곱슬머리의 힘

흑인의 머리카락이 심한 곱슬머리인 이유는 무엇일까? 바로 머리카락의 단면이 다르기 때문이다. 우리나라 사람의 머리카락 단면은 원형에 가깝다. 굵고 고르며, 수직으로 나는 편이다. 가끔 보이는 곱슬머리도 원형에 가까운 타원형이다. 백인의 머리카락은 대부분 부드러운 곱슬머리인데, 그 단면 역시 타원형으로 힘을 골고루 받지 않아 휘어지기 쉽다.

흑인의 머리카락 단면은 백인보다 더 납작한 타원형이다. 그래서 심하게 구부러진다. 머리카락이 나는 방향도 고르지 못해 근처의 다른 머리털과 엉켜버린다. 흑인 남성의 상당수가 머리카락을 아예 밀어버리는 이유가 이 때문이다.

그렇다면 흑인들의 곱슬머리는 어떤 이점이 있을까? 우리가 걸을 때 가장 먼저 햇볕을 받는 곳은 머리다. 곱슬머리는 햇볕을 차단하고 몸에서 나는 열을 빨리 공기 중으로 내보낸다. 또 머리카락 사이에 단열 공기층을 형성해 스펀지처럼 단열재 역할을 한다. 즉 태양광선이 두피에 직접 닿지 않도록 하고, 공기가 잘 통하도록 하며 땀을 효과적으로 증발시켜 머리를 빠르게 식혀준다. 여름에 파마머리가 시원하게 느껴지는 이유도 마찬가지다. 뜨거운 햇빛과 자외선에 적응하기 위해 멜라닌의 양이 변화했듯이, 머리카락 또한 높은 기온의 환경에서 일정한 체온을 유지하기 위해 진화했다. 이런 면에서 볼 때, 꼭 직모만 부러워할 일도 아닌 듯싶다.

하지만 흑인도 머리를 기르고 싶어 머리를 펴거나 가발을 쓰고, 인조머리를 단다. 멋쟁이 여성일수록 마치 헤어쇼에나 나올 법하게 장식한다. 사하라 사막 남쪽에 사는 아프리카 여인들은 흙, 나뭇가지, 짚, 대나무 등을 섞어 머리를 꾸민다.

파마의 기원은 아주 오래전 이집트인들이 진흙을 이용하면서부터다. 그들은 머리카락에 진흙을 바른 뒤 막대기에 감아 햇볕에 말렸다. 일정 시간이 지난 뒤 풀면 파마머리가 된다. 알칼리성인 진흙이 머리카락의 화학적 구조를 바꿔주는 효과를 이용한 것이다. 지금 우리가 미용실에서 하는 파마의 원리도 마찬가지다.

머리카락은 수많은 단백질의 다발로 이루어져있다. 머리카락의 화학적 구조 가운데는 황끼리의 결합이 가장 강한데, 곱슬머리나 직모 형태를 유지하는 비결이 여기에 있다. 산화-환원 반응으로 이 구조를 끊었다 다시 연결하는 것이 파마의 기본 원리다. 파마약의 성분은 약한 염기성인데 머리카락의 황성분에 수소가 붙도록 만드는 환원제 역할을 한다. 수소가 붙으면 황결합이 끊어져 단백질 다발이 분리된다. 이때 둥근 플라스틱과 고무줄을 이용해, 원하는 모양으로 머리카락을 고정시키면

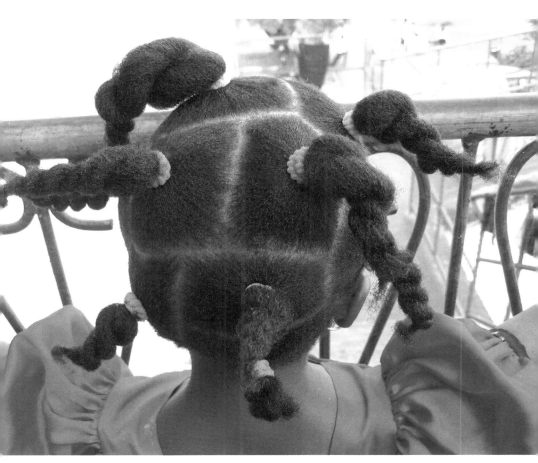

머리카락을 여러 갈래로 묶은 아프리카 소녀.
곱슬머리는 햇볕을 차단해 체온을 빨리 떨어뜨리는 역할을 한다.

단백질 가닥이 쉽게 위치를 바꾼다.

　반면 중화제는 황과 결합해있던 수소를 다시 떼어내는 산화제 역할을 한다. 중화제를 뿌리면 위치가 바뀐 단백질 다발이 다시 결합해 새로운 황 결합을 만든다. 원소의 위치가 바뀐 채로 고정되는 것이다. 그래서 미용실은 '산화—환원 반응'의 화학 실험실이다. 그러고 보면 하루에도 몇 번씩 파마를 하는 미용사보다 산화—환원 반응 실험을 자주 하는 화학자는 드물다.

사자야, 무섭게 생겨줘서 고마워!

빅토리아 폭포에서 만난 리빙스턴

아침 일찍 루사카 국제 버스 터미널로 향했다. 아프리카 여러 나라와 잠비아 각지로 떠나는 버스들이 줄지어 서있었다. 그러나 7시에 출발하기로 되어있는 버스가 어찌된 영문인지 10시가 넘어도 출발할 기미조차 보이지 않는다. 좌석을 다 채우지 못했기 때문이다. 어제 예약할 때는 짐 값까지 다 받던 매표소 직원이 오늘은 차비까지 깎아주면서 호객 행위를 하고 있었다. 아프리카 버스는 반드시 정원을 꽉 채워야 출발한다. 기다리는데 어느 정도 익숙해졌지만, 세 시간은 너무 한 것 같다. 결국 버스는 출입구 앞의 보조 좌석까지 다 채운 10시 30분에야 출발할 수 있었다.

　루사카에서 리빙스턴은 470킬로미터쯤 떨어져있다. 버스 운전기사는 다섯 시간이면 당도할 수 있다고 장담했지만, 여섯 시간 반이나 걸려

지구 중심으로 번지점프 하다

리빙스턴에 도착했다. 시계는 벌써 오후 5시를 가리키고 있었다. 하루를 몽땅 버스에서 보낸 셈이다. 애초의 계획은 도착하는 대로 폭포를 돌아보는 것이었지만, 버스가 너무 늦게 도착해서 갈 수 없었다. 일정이 또 하루 미뤄졌다. 아프리카 여행은 기다림과 장거리 버스에 익숙해져야 한다.

1인당 6달러의 도미토리 숙소 졸리보이Jolly boys는 여러 채의 오두막으로 지어졌는데, 많은 여행자들이 넓은 로비에서 정보를 나누거나 독서로 여유를 즐기고 있었다. 자유로운 숙소 내부의 풍경과는 달리, 입구는 거대한 철문으로 굳게 잠겨있었다. 삼엄한 경비는 정치적, 경제적으로 불안한 잠비아의 현실을 보여준다. 빅토리아 폭포의 관광을 위한 도시인만큼 숙소 곳곳에는 번지점프, 헬기 투어, 잠베지Zambezi강 크루즈 등 관광 상품의 전단지가 가득하다.

잠비아는 빅토리아 폭포와 잠베지강을 사이에 두고 짐바브웨와 국경을 이루고 있다. 잠비아에서 빅토리아 폭포와 가장 가까운 도시가 리빙스턴이다. 지명은 이 지역을 최초로 탐험한 데이비드 리빙스턴(David Livingstone, 1813~1873)의 이름에서 왔다. 리빙스턴은 1931년 수도를 루사카로 옮기기 전까지 나라의 중심 역할을 했다. 철도·항공 등 교통의 요충지인 동시에 잠비아 상공업의 중심지였지만, 지금은 빅토리아 폭포를 관광하기 위해 들르는 조그만 시골 도시일 뿐이다. 1966년에 지명이 마람바Maramba로 바뀌었는데, 옛 지명이 더 널리 쓰인다.

1904년 잠베지 협곡에 처음으로 다리가 세워졌을 때부터 리빙스턴은 오랜 기간 빅토리아 폭포 관광의 중심지 역할을 했다. 그러나 짐바브웨가 빅토리아 폭포를 국립공원으로 지정하고, 외국 자본을 끌어들여 최신식 호텔과 편의시설을 갖춘 마을을 조성하면서 리빙스턴은 몰락하기 시작했다. 짐바브웨는 마을 이름도 아예 빅토리아 폴스^{Victoria Falls}라고 지어버렸다.

빅토리아 폴스는 아프리카 각지를 연결하는 공항 근처고, 시내에서 폭포까지 걸어갈 정도로 가깝기 때문에 대부분의 관광객이 짐바브웨 쪽을 찾는다. 리빙스턴도 옛 명성을 되찾기 위해 무던히 노력하지만, 어려운 경제 사정 때문에 실효를 거두지 못하고 있다.

다음 날 빅토리아 폭포를 만나기 위해 새벽같이 숙소를 나섰다. 지역 버스 터미널에서 흥정하고 미니버스에 올랐다. 아프리카의 여느 버

리빙스턴에서 묵었던 졸리보이.
여행자들이 편히 쉴 수 있는 공간이었지만, 경비는 삼엄했다.

여기가 이과수, 나이아가라 폭포와 함께 세계 3대 폭포 가운데 하나인 빅토리아 폭포로 들어가는 입구다. 하지만 너무 초라하다는 생각이 들었다.

스와 마찬가지로, 사람들이 꽉 들어차 마치 콩나물시루 같았다. 몇 정거장을 지나 공터에 버스를 세웠는데 그곳이 빅토리아 폭포라고 했다. 표지판 하나만이 우릴 반겼다.

그런데 멀리서 폭포 소리가 들렸다. 폭포 소리라기보다 땅이 무너지는 소리라고 하는 편이 정확하다. 인적을 따라가니 점점 크게 들렸다. 이른 아침이라 다른 관광객도 없는데, 가끔씩 개코원숭이는 불쑥불쑥 나타나서 내 손에 든 빵 봉지를 노리고, 쿵쿵거리는 폭포 소리까지 배경음으로 깔리니 인디애나 존스가 된 듯한 기분이다.

6시부터 문을 연다고 쓰여있는데 입장료를 받는 직원도 없다. 공짜로 입장할 수 있을까 눈치를 보는데 멀리서 직원이 뛰어왔다. 기다렸으니 입장료를 깎아달라고 하자 반으로 깎아준다. 깎으면서도 어딘가 찜

찜하다. 세계 3대 폭포가 뭐 이래?

입구로 들어서니 리빙스턴의 동상이 폭포 쪽을 바라보고 서있다. 1855년 리빙스턴이 빅토리아 폭포를 처음 본 장소도 이곳이었다. 리빙스턴과 일행은 잠베지강을 따라 내려가며 남아프리카로 가는 길을 찾고 있었다. 잠잠하던 물살이 갑자기 감당할 수 없을 정도로 빨라지자 리빙스턴 일행은 카누를 가까스로 작은 섬에 정박시켰다. 그리고 이 섬을 '리빙스턴 섬'이라 명명했다.

리빙스턴은 눈앞에서 연기처럼 피어오르는 거대한 물안개를 보았다. 원주민들이 '천둥 치는 연기'라 일컫는 이 폭포에 매료된 그는 그 당시 영국 여왕의 이름을 따 '빅토리아 폭포'라고 이름 붙였다. 그는 자신의 저서에서 그 상황을 이렇게 묘사했다.

> 항해를 시작한 지 20분 만에 우리는 '천둥 치는 연기'라고 불리는 물안개의 기둥을 발견했다. 거대한 기둥은 구름과 닿아있는 듯했다. 흰 물안개 기둥은 위로 올라갈수록 색깔이 차츰 짙어졌기 때문에, 땅에서 솟아오르는 연기 기둥처럼 보였다. 주변의 큰 나무들과 어우러진 풍경은 형언하기 어려울 정도로 아름다웠다. 강기슭과 점점이 흩어져있는 섬들에는 환상적인 나무들이 무성했다.
>
> ―《남아프리카 전도여행기》

우거진 숲을 지나자 드디어 폭포가 눈앞에 나타났다.
원주민들이 빅토리아 폭포를 '천둥 치는 연기'라 부르며
두려워한 까닭을 실감할 수 있었다.

리빙스턴이 폭포를 본 '최초의 서양인'임은 틀림없지만 '최초의 발견자'는 아니다. 폭포는 오랫동안 원주민의 입에서 입으로 전해져 내려왔다. '천둥 치는 연기'라는 뜻의 '모시 오아 퉁야Mosi oa Tunya'라는 멋진 이름도 있었다. 주변의 울창한 숲 때문에 폭포는 안 보였지만 천둥 치는 듯한 소리와 함께 연기처럼 피어오르는 물보라를 보고 그렇게 불렀다. 세계 최고봉 에베레스트가 오래전부터 티베트 사람들에게 '세계의 여신'이라는 뜻의 '초모룽마[珠穆郞瑪]'로 불렸듯 말이다.

빅토리아 폭포를 서양인 최초로 발견한 리빙스턴은 사자의 습격을 받은 일화로도 유명하다. 아프리카에 도착해 3년쯤 됐을 무렵, 리빙스턴은 칼라하리 사막 근처의 마을에 머물고 있었다. 사자 떼가 마을의 우리를 부수고 들어가 암소를 잡아먹는 일이 반복되자, 마을 사람들이 사자 사냥을 나갔는데 리빙스턴도 함께 따라 나섰다.

그런데 사냥에서 사자 한 마리가 리빙스턴을 덮쳐 쓰러뜨리고 무시무시한 이빨로 어깨를 물고 마구 흔들었다. 리빙스턴은 당시를 이렇게 기록했다. "사자가 어깨를 물고 흔드는 순간 몽롱한 상태가 되었다. 고통도, 공포심도 느끼지 못했다."

마을 사람이 제때 총을 쏜 덕분에 목숨은 건졌지만, 심하게 다친 한쪽 팔은 위로 들 수 없었다. 훗날 그가 아프리카의 한 시골마을에서 외롭게 죽었을 때도 어깨 흉터로 신원을 확인할 수 있었다. 후세 사람들은 사자의 공격에도 고통을 느끼지 못했다는 리빙스턴의 말을 예로 들어,

그의 용맹성을 이야기한다. 그런데 정말 그가 용감했기 때문일까?

공포가 '몸'을 살린다

극심한 공포는 통증감각을 무디게 만든다. 너무 무서울 때는 옆에서 누가 꼬집어도 모른다. 도망가다가 넘어져도 바로 일어나 달릴 수 있다. 공포가 오히려 우리 몸을 보호하고 위험에서 피할 수 있도록 돕는 셈이다.

우리 몸 곳곳에 퍼져있는 말단 신경세포들은 몸 상태를 뇌로 실시간 전달한다. 좀 더 과학적으로 설명하면 후각을 제외한 모든 자극, 즉 시각·청각·촉각은 뇌의 시상핵(視床核, 시각, 청각 등의 감각 정보를 처리하는 부위)을 거쳐 대뇌의 바깥부분인 대뇌피질(大腦皮質, 감각을 종합하고 고도의 지적 기능을 담당하는 뇌의 부분)에 전달된다. 하지만 공포와 관련한 자극을 받았을 때 시상핵은 대뇌피질로 전달되기 전, 먼저 편도체(扁桃體, 공포와 같은 감정을 처리하는 신경 중추로, 편도(아몬드)와 비슷해서 붙은 이름임)를 자극한다. 대뇌피질이 공포 자극을 분석·인식하기 전, 편도체가 먼저 개입해 즉각적인 생리적 반응을 일으키는 것이다.

편도체는 공포 자극과 공포 반응을 곧바로 연결해준다. 공포를 느끼면 우리 몸이 변하는데, 동공이 확장되고, 침의 분비량이 줄어 입이 바싹 마른다. 소름이 돋고 식은땀도 난다. 또 자신도 모르게 비명을 지르거나, 반대로 성대가 굳어 아무 소리도 나지 않는다. 피가 근육으로 몰려 얼굴이 하얗게 질리고 심장은 더 빨리 뛴다. 허파는 산소를 더 많이 받아들이고, 간은 에너지를 내기 위해 글리코겐(glycogen, 동물성 전분으로 에너지 대사에 중요한 물질)을 분해하며, 위는 에너지를 아끼기 위해 소화력을 떨어뜨린다.

실험에 의하면 편도체를 제거한 쥐는 고양이 앞에서도 태연하다. 심지어 잠자는 고양이 등에 올라 귀를 물어뜯었다는 관찰 결과도 있다. 원숭이 편도체를 손상시켜도 비슷한 현상이 일어난다. 편도체가 파괴된 원숭이는 정상적인 원숭이가 기겁을 하며 피하는 뱀을 손으로 집으려하고, 타오르는 불을 봐도 무서운 줄 모른다. 결국 편도체가 망가지면 공포를 느끼지 못해 세상에 두려울 것이 없어진다.

그렇다면 우리 뇌에서 편도체를 제거해버린다면 '겁 없는 녀석'이 되어 좋지 않을까? 절대 아니다. 편도체는 우리 뇌에 설계된 일종의 비상회로다. 갑자기 위험한 대상과 맞닥뜨렸는데 두뇌 판단을 기다렸다가 반응하면 오래 살기 힘들다. 또 편도체는 공포를 학습한다. 이전에는 무서워 하지 않았는데, 특정 사건 이후 공포를 느끼는 경우가 비슷한 예다. 어린 시절 개에게 물린 기억이 있다면 개를 구성하는 모든 자극이 편도체에서 종합된다. 통증의 정도와 개의 색깔, 모양 같은 정보가 합쳐져 다른 개까지도 무서워진다. '자라 보고 놀란 가슴 솥뚜껑 보고도 놀란다.'는 속담은 과학적으로도 일리가 있다.

사자에 물린 리빙스턴이 고통을 느끼지 못한 이유는 남달리 용감해서가 아니다. 사자가 갑자기 덮치는 바람에 놀란 데다, 진한 사자 냄새로 급작스런 공포에 휩싸였을 것이다. 또 사자의 포효도 통각을 무디게 하는 데 충분했다.

그렇다면 오히려 무시무시한 공포를 안겨주며 덮친 사자가 리빙스턴의 고통을 덜어준 셈인가? 그렇다면 무섭게 생긴 사자에게 고맙다고 해야 할 것 같다.

그래도 잠비아 쪽 폭포를 찾는 이유

폭포로 가는 길은 리빙스턴 동상을 기점으로 두 갈래로 나뉜다. 칼날 경로Knife edge track를 따라 언덕을 내려가면 폭포의 측면을 볼 수 있다. 여섯 개로 나뉘어 떨어지는 빅토리아 폭포 중에서 잠비아에서 볼 수 있는 것은 '동쪽 폭포' 하나뿐이다. 그런데도 많은 관광객이 잠비아를 찾는 이유는, 폭포 위쪽만 볼 수 있는 짐바브웨와 달리 비스듬하게 형성된 계곡에서 폭포의 옆면도 볼 수 있기 때문이다.

폭포는 끝도 보이지 않는 절벽을 무서운 속도로 떨어지고 있었다. 수량을 가늠할 수 없을 정도로 엄청난 물이 쏟아져 내려, 장마로 불어난 강물을 방류하는 댐에 서있는 듯한 착각에 빠졌다. 바닥으로 곤두박질한 물줄기는 물보라로 바뀌어 하늘로 솟구치면서 소나기처럼 물을 뿌린다. 폭포의 굉음은 귀까지 멍하게 만든다. 마치 내 자신이 폭포의 일부 잠비아에서는 빅토리아 폭포의 옆면을 지켜볼 수 있다.
그 압도적인 풍광에 숨이 막혔다.

인 듯한 느낌이다. 속옷은 물론 가방까지 몽땅 젖었다. 물속으로 떨어졌다가 건져졌다는 표현이 더 맞다.

빅토리아 폭포를 보기 위해서는 옷이 흠뻑 젖는 수고쯤은 감수해야한다. 입구에서 비옷을 빌릴 수도 있지만, 폭포를 온몸으로 느끼면서 산책하는 것은 빅토리아 폭포에서만 느낄 수 있는 특별한 경험이다. 물론괴성을 지르더라도 폭포 소리에 묻혀서 절대 부끄럽지 않다. 그러나 사진기가 물에 닿지 않도록 철저하게 대비해야 한다. 방수 상자를 준비하거나 아쉬운 대로 비닐봉투로 꽁꽁 묶어야 한다.

어느새 절벽의 끝에 섰다. 반대편 짐바브웨 전망대에 서있는 관광객이 손을 흔든다. 그러고 보니 세계 3대 폭포는 공통점이 있다. 모두 국경선에 있다는 사실이다. 나이아가라^{Niagara} 폭포는 미국과 캐나다, 이과수^{Iguacu} 폭포는 브라질과 아르헨티나, 빅토리아 폭포는 잠비아와 짐바브웨의 국경에 놓여있다.

계곡 아래쪽에는 '물 끓는 지점'이라 불리는 곳이 있다. 폭포의 거대한 물줄기가 모여 마치 물이 끓는 것처럼 소용돌이쳐 붙은 이름이다. 규모에 걸맞게 수심도 200미터나 된다. 폭포 주변의 울창한 숲은 희귀한동식물로 가득하다. 폭포에서 날아오는 물방울이 때론 안개비처럼, 때론 폭우처럼 쏟아져 열대우림을 이룬다. 바오바브나무와 소시지나무 등지금까지 발견된 식물만 400여 종이 넘고, 원숭이를 비롯한 온갖 동물들이 모여 살아 아프리카 밀림을 그대로 옮겨놓은 듯하다.

잠비아에서 가장 크고 유서 깊은 박물관인 리빙스턴 박물관.
아프리카 남부의 역사와 고고학, 인류학의 자료들을 5개 부문으로 나눠 전시하고 있다.

　시내 중심가에는 리빙스턴 박물관이 자리한다. 잠비아에서 가장 크고 유서 깊은 박물관이다. 1930년에 건립되었는데 리빙스턴 전시관을 비롯해 아프리카 남부의 역사·고고학·인류학 자료들을 5개 부문으로 나눠 전시하고 있었다.

　고고학관에서는 석기시대에서 철기시대에 이르는 잠비아 문화의 발전 과정을 보여준다. 특히 네안데르탈인 유골이 눈길을 끌었는데 복제품일 뿐 진품은 모두 영국박물관에 있다고 했다. 또 리빙스턴 박물관의 자연사관에는 잠비아에 사는 여러 동물이 재현되어있었다.

　리빙스턴 전시관에는 편지와 제복, 부츠, 일기와 지도, 망원경, 성경책 등이 모여있었다. 리빙스턴의 유물을 정성껏 보관한 것으로, 그를 기리는 잠비아인의 마음을 느낄 수 있었다.

세상의 중심으로 뛰어들기

더우시죠? 빅폴에서 샤워하세요

리빙스턴에서 빅토리아 폭포를 보았으니 국경을 넘어 짐바브웨에서도 폭포 구경을 하기로 했다. 앞에서도 말했듯 짐바브웨는 빅토리아 폭포를 관광할 수 있는 도시의 이름을 아예 '빅토리아 폴스'라 붙였다. 대부분 줄여서 '빅폴'이라 부른다. 승합차 운전기사가 부르는 금액을 절반으로 깎아 국경까지 4,000크와차에 가기로 했다. 아저씨 멋쟁이! 절반에 흥정했다고 좋아하고 있는데 옆자리 아줌마는 묵묵히 2,000크와차만 내고 자리에 앉았다. 금액이 정해져있었던 거다. 또 속았다.

　잠비아 국경을 넘는 일은 수월했다. 버스가 멈추면 창밖으로 심사관에게 여권을 내밀면 끝이었다. 출국카드를 따로 쓰지 않고 바로 나갈 수 있었다. 어차피 버스는 통로까지 사람과 짐들로 꽉 들어차서 내릴 수도 없었다. 이 사람들, 돈 받는 입국 심사는 그렇게 꼼꼼히 하더니 나가는 손님에게는 푸대접이다.

버스는 어느새 다리를 건넜다. 1905년에 건설한 이 다리는 철도와 도로가 함께 있는 교량으로, 협곡을 가로질러 짐바브웨와 잠비아를 연결한다. 이 다리를 잠비아 사람들은 '리빙스턴 다리', 짐바브웨 사람들은 '빅토리아 다리'라고 부른다. 마치 우리나라에서 같은 호수를 두고 충주 사람들은 '충주호', 제천 사람들은 '청풍호'로 부르는 것과 마찬가지다.

이 다리는 아프리카 대륙 전체를 남북으로 종단할 목적으로 영국이 계획한 '케이프-카이로 철도' 건설 사업의 일환으로 세워졌다. 잠비아와 짐바브웨를 오가는 기차와 자동차는 물론, 걸어서도 국경을 넘을 수 있다. 다리 가운데에는 잠베지 계곡으로 번지점프를 하는 곳이 있다. 잠베지강이 구불구불 흐르고, 오른편으로는 빅토리아 폭포가 굉음을 내며 떨어지는 다리 한가운데에서 누군가 아찔한 번지점프를 준비하고 있었다.

짐바브웨 출입국 사무소의 분위기는 마치 매표소 같았다. 30달러의 비자비를 걷는 데만 혈안이 되어 얼굴도 보지 않고 도장을 찍어준다. 20년 전만 해도 짐바브웨는 한국 여권으로 입국이 불가능했다. 짐바브웨의 장기 집권자 무가베(Robert Mugabe, 1924~)가 김일성의 친구였기 때문이다. 얼마나 친했는지 북한에서 106명의 요원을 파견해 무가베의 경호원들을 훈련시켰을 정도다. 불라와요에서 만난 어떤 사람은 내가 '코리안'이라고 했더니, 무가베와 김일성은 친한 친구라면서 짐바브웨에 '코리안'들이 많다고 했다. 아마도 북한에서 온 사람으로 생각한 모양이다.

이 다리를 짐바브웨 사람은 '빅토리아 다리', 잠비아 사람들은
'리빙스턴 다리'라 부른다. 다리 가운데에는 번지점프를 하는 곳도 있다.

　　화려한 이름과 달리 빅폴은 조용한 시골마을이었다. 시내는 폭포로
향하는 리빙스턴 거리를 중심으로 기차역과 기념품 가게, 우체국 등이
몰려있었다. 폭포를 건너오는 잠비아 사람도, 불라와요로 가는 짐바브
웨 사람도 빅폴 기차역을 들른다고 한다. 20여 분만 걸으니 폭포 입구가
나온다. 이제는 현지인처럼 웬만한 거리는 걸어서 다닌다. 택시비를 흥
정하다 마음 상하느니 걷는 편이 낫다. 입구인 국립공원 관리소는 소박
한 갈대집이었다. 잠비아에서는 입장료로 10달러를 냈는데, 이곳은 무
려 20달러다. 다섯 줄기의 폭포를 볼 수 있어 그런가 보다.

잔잔히 흐르던 강물이 급전직하하는 '악마의 폭포'. 그 이름처럼 상당히 위협적인 모습이다.

　　매표소 안쪽 우거진 열대림 사이로 샛길이 이어진다. 다가갈수록 점점 커지는 굉음으로 가슴이 쿵쿵거린다. 오른쪽으로 엄청난 굉음이 들리면서 잠비아 쪽에서도 보았던, 리빙스턴 동상이 눈에 띄었다. 리빙스턴 동상 앞으로 보이는 폭포가 '악마의 폭포' 다. '악마의 폭포' 로 향하는 자욱한 돌계단에는 물안개에다가 이끼까지 끼어 방심했다가는 미끄러지기 십상이다. 폭포는 이름에 걸맞게 상당히 위협적이다. 굽이굽이 흐르는 잠베지강이 칼로 베인 듯 끊겨 벼랑 아래로 떨어진다. 잔잔히 흐르던 강물이 갑자기 급전직하한다.

　　이끼로 뒤덮인 낭떠러지 끝에 서니 물기둥과 함께 빨려 들어갈 듯하다. 바닥으로 곤두박질쳤던 물줄기가 다시 물보라로 바뀌어 하늘로 솟는다. 1855년 리빙스턴의 발길을 이곳으로 이끈 것도 바로 물기둥이었다. 폭포 뒤편 동굴에 살고 있는 괴물이 지르는 소리가 아닐까. '천둥 치는 연기'라고 불렸던 원주민도 나처럼 두려워 더 접근하지 못했을 것이다.

다시 리빙스턴 동상이 보이는 곳으로 올라오니 언제 그랬냐는 듯 햇볕이 물안개로 젖은 옷을 말려주었다. 다음 전망대로 이어지는 산책로를 걷다가 원숭이, 줄무늬 망구스 등을 만났다. 원숭이는 사람이 지나가도 개의치 않고 가만히 지켜본다.

악마의 폭포와 500미터 정도 떨어진 곳에 중심 폭포 전망대가 있다. 멀리서 들려오던 빅토리아 폭포 소리가 더욱 커지면서, 넓고 푸른 잔디 너머로 폭포의 웅장한 모습이 보였다. 중심 폭포와 악마의 폭포 사이에는 '폭포섬'이라는 비교적 큰 숲이 경계를 이룬다. 물보라 사이로 리빙스턴 섬도 보였다. 벼랑 끝에서 어떻게 빠져나올 수 있었는지 믿기지 않았다.

360도 샤워부스에 들어가다

중심 폭포는 여섯 폭포 가운데 가장 폭넓고 웅장하다. 세상의 물이 모두 이곳으로 흐르는 것 같다. 떨어지는 폭포수는 커튼 같고, 하얗게 부서지며 솟아오른 물안개는 방향을 가늠할 수 없는 돌풍을 타고 이리저리 날아다닌다. 물줄기의 방향을 가늠할 수 없으니 360도 샤워부스인 셈이다. 어마어마한 수량 때문에 100미터 높이까지 물안개가 피어오른다.

처음에는 피하려고 우산도 꺼내고 우비도 입어보았지만 이내 체념하고 즐기기로 했다. 인당수에 몸을 던진 심청이처럼 본격적으로 폭포수로 돌진했다. 빅토리아 폭포는 몸으로 볼 수밖에 없다. 물안개 때문에 잘 보이진 않지만, 그전에 몸이 놀라고 신이 난다. 속옷까지 쫄딱 젖고도 폭포수를 맞으며 뛰어다녔다.

말발굽 폭포를 지나 도착한 무지개 폭포에는 이름에 걸맞게 무지개가 걸려있었다. 탄성과 찬사가 저절로 터져 나온다. 수직으로 떨어지는 물방울이 사방으로 튀어 물과 무지개가 찬란한 향연을 연출하고 있었다. 감상도 잠시……. 그런데 왜 여섯 개의 폭포 중 유독 이곳에만 무지개가 생길까?

보통 우리 경험에 따르면 무지개는 비 온 후 밝은 햇살이 비추는 곳에 만들어진다. 그렇다면 무지개를 보려면 비가 쏟아진 뒤 맑게 갠 날만 기다려야 할까? 아니다. 물방울과 빛이 있는 곳이라면 어디라도 상관없다. 폭포나 분수대 근처, 파도가 부딪혀 하얀 포말이 생기는 뱃전, 아침 이슬이 영롱하게 맺혀있는 거미줄, 엷은 구름이 살짝 지나가는 달 주변 등에서 조금만 주의를 기울이면 보물을 찾듯 무지개를 발견할 수 있다. 태양을 등지고 분무기로 물을 뿌리면 손에 잡힐 듯한 무지개를 볼 수도 있다.

하지만 언제나 가능하지는 않다. 우선 태양을 등지고 있어야 한다. 단, 태양의 고도가 너무 높으면 무지개 중심이 지표보다 낮아지기 때문에, 아주 잠시 보이거나 거의 나타나지 않는다. 태양의 고도가 너무 높

커튼처럼 떨어지는 폭포수가 하얗게 부서지면서 물안개가 솟아오른다.
마치 360도 샤워부스 안에 있는 듯하다.

지 않은 아침이나 저녁에 태양을 등지고 폭포나 분수대 근처를 산책하면 예쁜 무지개를 만날 수 있다. 때마침 바람이 불어주면 물방울이 공기 중에 흩어져 더 쉽게 볼 수 있다.

맑은 날 무지개 폭포에서 항상 무지개를 볼 수 있는 이유는 이곳 전망대가 정남향이기 때문이다. 관광객들이 해를 등지고 서기 때문에 부서지는 물방울 속에서 무지개를 감상할 수 있다.

짐바브웨 쪽 마지막 전망대는 흔들의자 폭포를 지나 지명조차 '위험지역'이다. 어지럽게 내리꽂히는 물줄기가 보는 사람의 영혼마저 빨아들이는 것 같았다. 자칫 미끄러지기라도 하면 폭포 아래로 떨어질 수 있는 위험한 곳이다. 폭포의 장관을 더 자세히 보고 싶은 욕심에 앞으로 한발짝 내딛어보지만 다리가 후들거린다. 휘돌아 나가는 물을 바라보니 정신이 아득하다. 정신 차려야지!

지구 중심으로 번지점프 하기

마지막 전망대까지 폭포를 둘러보고 돌아서려는데 빅토리아 다리가 가까이 보였다. 철교에서는 111미터 계곡 아래로 아찔한 번지점프를 즐기려는 여행객이 차례를 기다리고 있었다. 다리 위에서 폭포 물이 거세게 밀려오는 협곡 아래로 몸을 던지는 기분은 어떨까? 111미터 높이에서 뛰어내리는 것에도 만족 못하는 사람이라면 이런 상상을 해봤을지도 모르겠다. "만약 잠베지 계곡이 더 깊이 파였다면 어떨까? 아니 지구 반대편까지 구멍이 뚫려있다면 번지점프가 가능할까?"

일단 지구의 지름인 약 12,800킬로미터에 해당하는 긴 번지점프 줄이 필요하다. 이 줄은 지구 내부 온도 4,000도와 400만 기압의 압력을 견딜 수 있어야 한다. 그만한 온도와 압력을 견딜 수 있는 옷과 특수장비도 필요하다.

모든 장치가 준비되어 지구 반대쪽까지 뚫린 긴 터널로 뛰어내렸다고 할 때, 우선은 아래쪽으로 갈수록 그 속력이 점점 빨라진다. 중학교 과학 교과서에 나오는 공식에 따르면, 지구 중심을 지날 때 순간속력은 약 초속 11.2킬로미터다. 우주선이 대기권을 벗어나는 속도와 비슷하다. 비행기보다 무려 10배나 빠른 속도니 엄청나다. 그러나 지구 중심을 지나고 나면 속력은 점점 줄어든다. 물론 직선이기 때문에 방향은 그대로 유지한 채 지구 반대편으로 움직인다. 반대쪽 끝에 도착했을 때는 속도가 0이 되어 지구 반대편에 멈춘다.

문제는 이제부터다. 더 나가고 싶어도 그럴 수 없다. 지구가 다시 중심으로 끌어당기기 때문이다. 어쩔 수 없이 다시 앞서 말한 과정을 거쳐 애초의 출발지점까지 오면, 다시 지구가 중심으로 끌어당긴다. 터널을 따라 일정한 주기로 왕복운동을 하는 셈이다. 불행히도 목적지에도 닿지 못하고 출발지에도 돌아오지 못한 채 무한 반복운동만 거듭한다. 결국 지구를 관통하는 것은 무리가 아니라 애초에 불가능하다.

짐바브웨는 해마다 적게는 두 배에서 열 배가 넘는 살인적인 인플레이션inflation으로 고통받고 있다. 슈퍼에서는 매일 가격표를 다시 붙이는 게 일상화되어있고, 내일이면 값이 오를 물건을 먼저 사기 위해 줄을 선 사람들을 어디서나 볼 수 있다.

그래서 폭포의 입장료, 숙소, 래프팅 비용을 모두 달러로 지불하기를 원한다. 아니, 아예 달러 가격만 써있다. 하루하루 오르는 물가 때문에 짐바브웨달러는 통화의 기능을 상실한 지 오래다. 보통 2만 짐바브웨달러짜리로 환전해주는데, 우리 돈 10만 원이면 지폐가 무려 500장이다. 왕복 택시 요금 6,400원을 내기 위해 32장을, 한국으로 거는 1분의 국제전화료는 15장을 낸다. 저녁으로 먹은 피자값을 계산하니 무려 100장이다. 지갑이 아닌 비닐봉투에 돈을 넣고 쓸 때마다 몇 십 장씩 꺼내는 일이 여간 번거롭지 않다.

은행에서는 실제 환율의 절반밖에 계산해주지 않기 때문에, 거의 모든 여행객이 숙소나 길거리에서 환전한다. 우리가 묵은 숙소에서도 환전상이 항상 대기하고 있었다. 그의 커다란 가방에는 짐바브웨달러가 가득 들어있었다.

폭포를 보고 물안개에 샤워도 하고, 기분 좋게 숙소로 돌아오는 길에 어이없는 봉변을 당했다. 잘생긴 남자가 다가오더니 환전하지 않겠냐고 물었다. 환율 조건도 너무 좋았다. 숙소의 환전상은 500장을 주었는데 자기는 600장을 주겠단다. 아깝다! 나는 이미 넉넉하게 바꿨기 때

2만 짐바브웨달러는 우리 돈으로 200원 정도에 불과하다. 그러니 여행경비에 쓸 돈은 지갑이 아니라 검은 봉지에 넣고 다닐 수밖에 없었다.

문에 일행 가운데 한 사람만 100달러를 환전하기로 했다.

그는 한참 돈을 세다가 바꿔 줄 돈이 약간 모자란다고 하더니 자기 친구를 불렀다. '무슨 환전상이 100달러 바꿔줄 돈도 없나' 하는 의심이 들긴 했지만 새로운 환전상의 가방에 가득 있는 지폐를 보고 안심했다. 숙소에 돌아와서야 속았다는 사실을 알았다. 우리가 받은 돈뭉치는 위, 아래 부분에만 2만 짐바브웨달러였고, 중간 부분은 500짐바브웨달러짜리 지폐로 채워져있다. 우리 돈 5원도 안 되는 지폐다. 콜라 한 병을 10만 원에 사먹은 셈이다.

또 다른 사기 유형도 있다. 불라와요로 가는 기차에서 만난 여행자는 자신이 당한 이야기를 해주었다. 거리를 지나는데 경찰이 갑자기 잡더니 위드를 샀냐고 캐물었다. 위드는 마리화나 비슷한 마약이다. 아니라고 말해도 소용이 없다. 위드를 팔았다고 주장하는 가짜 증인까지 내세워 결국 경찰의 요구대로 30달러를 주고서야 풀려났다. 가짜 경찰이거나, 아니면 경찰과 서로 짜고 하는 짓이다. 오늘 빅폴의 웅장한 감동이 사기꾼의 한탕에 다 날아갔다.

 번지점프가 왜 짜릿할까?

① 막상 빅토리아 다리에 올라오니 다리가 후들거리네. 눈 질끈 감고 출발!

번지점프 같은 자유낙하는 지구 중심으로 향하는 자유낙하가속도에 의해 속력이 증가한다. 처음 뛰어내릴 때는 속력이 '0'이지만, 시간이 지날수록 중력 때문에 매초마다 약 10미터씩 빨라진다.

② 으악! 너무 무섭다.

밑으로 떨어지면서 속도가 갑자기 증가하면, 귀에서 평형과 회전감각을 느끼는 반고리관과 전정 기관이 균형을 잃고, 심장이 떨리며 의식이 흐릿해진다. 그리고 공포감을 느낀다. 낙하속도가 증가하고 있으므로, 공기의 저항력도 이에 비례해서 커진다. 결국 사람에게 작용하는 합력의 크기는 점점 약해지며 낙하가속도도 줄어든다.

③ 무서운 것도 잠시, 기분이 묘하다.

마침내 공기저항력이 중력과 같은 크기가 되면 알짜힘이 '0'이 되어 더 이상 속도가 증가하지 않는다. 물리 시간에 배운 개념으로는 종단속도(終端速度, 물체의 속도가 빨라지다가 차츰 일정해진 때의 속도)로 일정하게 떨어진다.

④ 이제 끝났다 싶었는데 다시 올라간다.

줄의 최대 길이에서는 모든 위치에너지가 운동에너지로 바뀌어 최대 속력을 낸다. 이때 만약 줄이 끊어진다면? 최대속력으로 물속으로 풍덩! 그러나 다행히 번지점프의 줄은 탄성이 있기 때문에 최저점에 도달하는 동시에, 모든 에너지를 탄성에너지로 바꾼다. 곧 사람은 다시 위로 튕겨오른다.

⑤ 매달려있으니 배가 아프네, 이제 그만 내려주세요.

줄에 매달려 몇 번 튕겨 올라갔다가 내려오면, 총 에너지는 공기의 마찰과 탄성에너지의 감소로 점점 줄어들고 결국 대롱대롱 매달리게 된다.

근육맨! 도대체 어디다 힘쓰는 거야?

래프팅, 시작도 하기 전에 뻗다

빅토리아 폭포를 즐기는 또 다른 방법은 급류에 몸을 맡기고 래프팅을
하는 것이다. 아침 일찍, 전날 예약했던 래프팅 회사로 향했다. 물에 빠
질 것을 대비해 여유분의 옷을 챙기는 일도 잊지 않았다.

잠베지강 래프팅은 폭포 아래 굽이진 협곡을 따라 내려간다. 무려 24
개의 급류 코스가 22킬로미터나 이어진다. 24개의 급류 중 몇 개를 제외
하곤 대부분 재미난 이름이 붙어있다. 다섯 번째 '천국으로 오르는 계단'
이나 여섯 번째 '악마의 화장실', 열 번째 '죽음의 이갈이'처럼 물살을 표
현한 이름도 있고, 열두 번째 '못생긴 세 자매'처럼 계곡의 풍광에서 딴
명칭도 있다.

코스는 자기 능력과 시간에 맞게 선택한다. 비록 우기처럼 물살이
거세지는 않지만, 처음 와본 곳이라서 중급 코스로 결정했다. 시내에서

30분 남짓 차를 타고 이동했다. 시내에서 멀어질수록 하류로 가는 것이니 물살이 약해서 재미가 없지 않을까 걱정이었다. 이럴 줄 알았으면 좀 더 거친 상류의 코스를 선택할 걸 하는 후회가 밀려왔다.

차에서 내려 각자에게 맞는 구명조끼와 헬멧을 나눠 썼다. 두 개씩 노를 나눠 들고 골짜기 아래로 내려가야 했다. 기가 막히는 것은 협곡의 깊이가 무려 100미터에 달한다는 사실이다. 간혹 나무로 바닥을 깔아놓기도 했지만 매우 미끄럽고 가팔라서 다리가 후들거린다. 래프팅을 시작하기도 전에 다리 힘이 다 풀렸다. 그럴 리 없겠지만 제발 래프팅을 마치고 올라올 때는 이런 길이 아니길 바랐다.

협곡에 도달하니 거세던 폭포의 물살이 언제 그랬냐는 듯 천천히 흐르고 있었다. 보트에 타기 전에 한 번 더 안전교육을 받는다. 배 안에서 중심 잡기, 배가 뒤집어졌을 때 대처 방법, 협동심 기르기 같은 기초 훈련을 받았다. 사고를 미연에 방지하려는 마음은 충분히 이해할 수 있었지만, 계곡을 내려오면서 다리가 풀린 데다 안전 교육을 오래 하다 보니 배를 타기도 전에 지쳐버렸다.

고무보트에는 여덟 명씩 탄다. 내가 탈 고무보트에는 미국, 남아프리카 공화국, 독일에서 온 사람들이 배정되었다. 독일에서 온 두 남자가 잘난 체하며 맨 앞에 앉더니, 미국에서 온 마가렛과 내게는 맨 뒷자리에 앉길 권했다. 우리는 앞에 앉은 두 청년을 '잘난 체하는 근육맨'으로 부르기로 했다. 맨 앞자리에 앉으면 급류를 정면으로 만나 스릴 있겠지만,

지구 중심으로 번지점프 하다

두 사람이 동시에 노를 젓지 못하면 배가 엉뚱한 방향으로 나가기 때문에 좀 더 책임감이 따른다.

일단 고무보트를 강 한가운데까지 노로 저어 가야 한다. 서로 박자를 맞춰야 하는데, 우렁찬 구령에 비해 배는 좀처럼 앞으로 나아가지 못했다. 도대체 저 근육맨들은 힘을 어디로 쓰는 거야? 팀원들의 호흡이 맞지 않으니 힘만 들고 배는 더 이상 나아가지 못했다. '햇빛은 점점 뜨거워지고 이걸 왜 한다고 했을까, 차라리 헬기나 탈걸.' 하는 후회가 밀려왔다.

안전요원은 혼자서 카약을 타고 주변을 맴돈다. 마치 준비운동이라도 하듯 갑자기 카약을 뒤집었다 다시 일어선다. 이외에도 다양한 카약 묘기로 우리를 즐겁게 해주었다. 차라리 저걸 탈 걸 그랬다. 그런데 안전요원을 보고 좋아하는 우리 때문에 근육맨들이 심통이 난 모양이다. 처음부터 이렇게 삐걱대는데 이 배가 어느 산으로 올라갈지 모르겠다.

작은 급류가 나타났다. 오른쪽 바위를 피하기 위해 근육맨은 왼쪽 사람들에게 노를 세게 저으라고 소리쳤다. 그러나 잘못된 판단이었다. 순식간에 오른쪽으로 방향이 바뀌어 하마터면 고무보트에 구멍이 날 뻔했다. 왼쪽으로 가려면 오른쪽에 있는 사람들이 계속 노를 저어야 한다.

근육맨의 실수는 과학 시간에 배운 작용·반작용의 원리를 무시한 탓이다. 배는 물을 밀어낸 만큼 앞으로 나아간다. 노를 저어 물을 뒤로 밀어내면, 물은 배를 앞으로 밀어낸다. 노가 물을 밀어내는 힘이 물에 가한 '작용'이라면 물이 배를 밀어내는 힘은 '반작용'이다.

작용과 반작용은 같은 힘이기 때문에 당연히 그만큼 받는다. '되로 주고 말로 받는다.'라는 속담이 있지만, 자연에서는 '주는 만큼 받는다'가 철저하게 통한다. 배를 더 힘차게 밀어내고 싶으면 노로 물을 더 힘차게 뒤로 밀면 된다. 반대로 보트에 브레이크를 걸고 싶으면 노를 반대 방향으로 젓는다. 물살 때문에 배의 방향이 갑자기 바뀔 때도 마찬가지다. 보트가 뒤집어지지 않게 회전하는 방향 안쪽으로 몸을 기울여야 한다. 놀이공원에 있는 워터 슬라이드를 탈 때 커브에서 몸이 밖으로 퉁겨날 것 같은 느낌도 이런 원심력 때문이다. 이번 일로 근육맨들이 조금 잠잠해졌다.

래프팅이 선사하는 유체 이탈의 경험

다시 급류가 보였다. 멀리서도 물보라가 보이는 게 물살이 좀 더 강한 듯했다. 래프팅은 물 흐르는 대로 보트에 몸을 싣기만 해도 되는 간단한 레포츠이긴 하지만, 간간히 나타나는 급류를 만나면 긴장한다.

완만한 경사면을 내려오다가 갑자기 급한 경사면을 만나면 순간적으로 물살이 빨라지면서 비명이 저절로 터져나온다. 래프팅의 짜릿한 스릴은 이 가속도에 있다. 즉 얼마나 짧은 시간 동안 얼마나 속도가 변하냐에 따라 그만큼의 스릴과 재미를 느낀다.

좀 더 스릴을 원한다면 급류에 몸을 맡겨야 한다. 경사면에서 오히려 몸을 앞으로 숙이면 보트의 속도가 더욱 빨라지고, 마치 하늘을 나는 듯한 느낌을 조금 더 오래 느낄 수 있다.

롤러코스터나 후룸라이드는 이러한 가속도를 인위적으로 체험할 수 있게 만든 놀이시설이다. 이런 시설들은 대략 어떤 가속도를 체험할지 짐작할 수 있지만, 래프팅은 언제 어떤 지형이 나올지 모르고, 물살이 어떻게 변할지 예측할 수 없기 때문에 더 흥미진진하다.

작은 폭포가 나타났다. 카약을 탄 안전요원이 보트를 꽉 잡으라고 소리쳤다. 폭포 끝자락에서 순간 몸이 공중에 붕 뜨는가 싶더니 바닥으로 고꾸라졌다. 보트의 손잡이를 잡아 튕겨나가지는 않지만 몸속의 내장들은 모조리 하늘로 쏠려 올라간 것 같았다. 일종의 '유체 이탈' 이라고 할까. 가벼운 마가렛은 아예 어디론가 날아가버렸다. 반대로 보트가 바위에 부딪히니 몸은 뒤로 튕기지만, 내장은 앞으로 쏟아질 것 같다. 뉴턴 할아버지가 연구한 '관성의 법칙' 이다.

몇 개의 급류를 지나면서 노를 젓는 요령도 익히고, 팀원들의 호흡도 많이 좋아졌다. 근육맨도 더 이상 잘난 체하지 않았다. 그제야 잠베지 협곡의 모습이 눈에 들어왔다. 래프팅을 하기 위해 내려온 길은 잠베지강의 침식작용으로 만들어진 협곡이다. 깎아놓은 듯한 100미터 넘는 높이의 협곡이 열대우림으로 빽빽하게 채워져있다. 두 나라의 국경을 이루는 잠베지강은 왼쪽이 잠비아고, 오른쪽은 짐바브웨 땅이다. 가파른 벼랑 위에는 화려하게 지은 로지들이 들어서 있었다.

잠베지 계곡은 왜 지그재그일까?

강물은 지구를 조각하는 최고의 미술가다. 강물은 흐르면서 지질의 특성에 따라 좁아지거나 넓어진다. 직진하기도 하지만 구불구불 굽이치는 계곡을 만들기도 한다. 그러나 물의 작용이라 하기에는 빅토리아 폭포를 지나 흐르는 잠베지강의 모습이 매우 특이하다. 마치 알파벳 제트를 쓴 것처럼 심각한 지그재그다. 왜 그럴까?

아주 오래전 이곳은 화산폭발로 흘러나온 용암이 식은 현무암 지대였다. 용암이 굳을 때는 수축하기 때문에, 땅 표면이 지그재그로 갈라졌다. 깊이는 100미터나 된다. 지금의 협곡이 그 갈라진 틈인데, 시간이 지나면서 진흙과 응회암(화산재가 쌓여 만들어진 암석) 같은 부드러운 물질로 채워졌다.

약 250만 년 전까지 잠베지강은 이 지역을 지나지 않았다. 그러나 지각 변동으로 잠베지강의 하류가 솟아올라 고도가 높아지는 바람에, 강물은 지대가 낮은 이쪽으로 방향을 바꾸었다. 물이 흐르면서 상대적으로 부드러운 진흙과 응회암은 깎여 나가고 예전의 검은 현무암이 모습을 드러냈다.

넓은 대지를 달리던 잠베지강은 대지의 빈틈을 파고들어 한번에 떨어져 내려 거대한 폭포를 만들었다. 그 후 오랜 세월, 폭포의 물줄기는 바위를 깎고, 그 위치를 지그재그 모양으로 후퇴시켰다. 오늘날 빅토리아 폭포는 처음보다 약 80킬로미터 정도 상류 쪽으로 이동해 자리한다.

강의 침식작용이 만들어낸 잠베지 협곡. 절벽은 시커먼 현무암으로 되어있다.

빅토리아 폭포에서는 지금도 침식이 일어난다. 짐바브웨 쪽 악마의 폭포를 보면 폭포의 방향이 또다시 바뀌고 있음을 알 수 있다. 이렇듯 위대한 자연은 후손에게 새로운 폭포를 물려줄 준비를 하고 있다.

현무암 협곡의 아름다움을 구경하자니 콧노래가 저절로 나왔다. 근육맨은 흥이 나는지 일어나서 춤까지 춘다. 모두가 말렸지만 눈 깜빡할 사이에 배가 뒤집혔다. 내 그럴 줄 알았다. 근육맨이 일어서면서 배의 무게중심이 위로 이동한 것이다. 이때 몸을 조금만 움직여도 회전축과 거리가 길어져 토크(torque, 물체의 축 둘레를 돌리는 힘)가 커진다. 배의 균형이 깨지는 것이다. 손잡이가 문의 회전축에서 멀리 떨어질수록, 적은 힘으로도 무거운 문을 회전시킬 수 있는 것과 같은 원리다.

가이드가 다음 급류에서도 보트를 뒤집자고 제안했다. 물살의 흐름에 거역하고 균형을 깨뜨리면 보트가 뒤집힌다. 재미있겠다. 보트가 거꾸로 서고 사람들은 소리를 질러댄다. 모두들 보트에서 떨어져 물속으로 내팽겨쳐졌다. 물에 빠져도 잠시만 숨을 참고 가만히 있으면 구명조끼 때문에 떠오를 텐데 왜 모두들 버둥대는 걸까?

떠오르는 순간, 누군가 내 어깨를 찍어 눌렀다. 옆에 앉아있던 마가렛이었다. 무슨 물귀신도 아니고 자신이 살려고 나를 누르다니……. 그러나 당황한 마가렛은 나를 물속으로 눌렀다는 사실도 모르고 잔뜩 먹은 강물 때문에 웩웩거리고 있다.

래프팅은 아르키메데스^{Archimedes}가 목욕탕에 갔다가 우연히 알게 된 '부력', 나무 그늘에서 사과 떨어지나 기다리던 뉴턴이 정립한 '관성의 법칙', '작용과 반작용', 성직자가 되려다 수학자가 되어 골치 아픈 미적분학을 더 어렵게 만든 '베르누이^{Bernoulli}의 정리' 같은 물리적 원리와 법칙이 지배하는 스포츠다. 베르누이의 정리는 유체의 속력과 압력의 관계 때문에 폭이 좁은 곳에서 물이 더욱 빠르게 흐른다는 이론이다. 원리를 조금만 더 이해하면 험난하고 어려워 보이는 스포츠도 훨씬 어렵지 않게 배울 수 있다. 보기보다 전혀 위험하지 않다.

계속되는 급류를 지나면서 작은 배에 함께 탄 우리도 점점 하나가 되어갔다. 물살이 잠잠해졌을 때 우린 서로 하이파이브를 하며 기뻐했다. 까칠하게 굴던 근육맨과도 친해지니 어느덧 반나절의 래프팅 코스가 끝났다.

래프팅을 시작하면서 품었던 소박한 나의 기대는 여지없이 어긋나 있었다. 래프팅을 마치고 다시 힘들게 100미터, 아니 더 깊은 골짜기를 올라야 했다. 온몸이 땀범벅이 되어 낑낑거리는데 요원들은 우리가 탔던 거대한 보트를 등에 지고도 잘만 올라간다. 마치 축지법을 쓰는 것 같다. 근육맨이 내미는 노의 한쪽 끝을 잡고 간신히 협곡을 빠져나왔다.

계곡을 올라오면 다같이 식사를 하는데 너무 힘이 들어 입맛도 없었다. 역동적인 래프팅을 기대했던 나에게 비교적 잔잔했던 물살이 실망스러웠지만, 코스가 끝나고 땅에 발을 디뎠을 때는 팀원들이 오랜 친구처럼 느껴졌다.

래프팅, 알고 즐기면 더 재미있다!

① 고무보트 보트가 둥근 이유는 물의 부력을 고르게 받아 쉽게 뒤집어지지 않고, 공기 압도 골고루 퍼져서 한쪽에 구멍이 나는 사태를 막기 위해서다.

② 구명조끼 일반적으로 100킬로그램 이상의 성인을 24시간 동안 띄울 수 있는 부력을 가지고 있다. 앞판이 두꺼워 물속에서 자연스럽게 누울 수 있다.

③ 노 래프팅용 고무보트는 무동력이기 때문에, 보트가 이동하기 위해서는 반드시 필요하다. 노는 가볍도록 알루미늄으로 만들어졌으며, 손잡이 부분과 실제 물의 저항을 받는 부분은 플라스틱으로 되어있다.

④ 급류 급류를 만나 갑자기 바닥으로 떨어지면, 배는 중력에 의해 자유 낙하한다. 하지만 배에 탄 사람은 관성력을 받아 운동 중이었던 방향을 유지하려 하므로, 순간적으로 '무중력 상태'를 느낀다. 급류를 만났을 때 느끼는 스릴은 가속도의 변화 때문이다. 얼마나 짧은 시간에 속도가 크게 변하느냐에 스릴의 정도가 달려있다.

⑤ 노 젓기 래프팅은 작용·반작용 원리를 이용한다. 노를 저어 물을 뒤로 밀어내면[작용], 물은 배를 앞으로 밀어낸다[반작용].

하마야 똥 좀 그만 뿌려!

어린 왕자, 너 그것도 모르니?

래프팅을 마치고 마을로 돌아왔다. 버스가 도착하는 곳에는 크루즈 상품을 팔기 위해 여행사 직원들이 장사진을 이루고 있었다. 대부분의 관광객이 그곳으로 향하는 걸 보면 오전에는 래프팅을, 오후에는 일몰을 보며 유람선을 타는 것이 정해진 코스인 모양이다. 게다가 크루즈에는 술과 음료가 무한대로 제공된다는 말에 귀가 번쩍 뜨였다. 래프팅 친구인 마가렛과 나는 망설임 없이 잠베지강 크루즈를 신청했다.

크루즈 손님을 실은 버스가 숲속을 달린다. 풍부한 강물을 먹고 자란 열대우림이다. 오른쪽으로 강물이 유유히 흐른다. 폭포를 바로 앞에 두었다고 상상할 수 없을 만큼 잔잔하다. 얼핏 보면 호수라는 착각이 들 정도다. 아프리카 남부 최대의 강인 잠베지강은 아프리카 초원을 동서로 가로질러 인도양으로 흐른다. 강폭은 넓고 수심은 얕아 세계에서 가장 야생동물이 많은 지역이다. 이곳의 초원과 늪지뿐만 아니라 상류에 위치한 보츠와나^{Botswana}의 초베^{Chobe} 국립공원 역시 세계적인 동물 서식지다.

버스는 커다란 바오바브나무 앞에 섰다. 수령이 1700년으로 둘레가 20미터, 높이가 25미터나 된다. 어른 열다섯 명이 팔을 뻗어야 둘러쌀 만한 크기다. 지금까지 아프리카에 와서 무수하게 본 바오바브나무 중에 단연 으뜸이다. '빅 트리'라는 애칭으로 불린다.

소설 《어린 왕자》에는 어린 왕자의 별 B-612가 등장하는데, 이곳에는 바오바브나무의 씨가 유독 많다. 바오바브나무가 자라게 두면 별을 뒤덮어 파괴할지도 모르기 때문에, 어린 왕자는 바오바브나무의 싹을 일찌감치 없애려고 애쓴다. 어린 왕자는 바오바브나무와 장미의 싹이 비슷하다며 세심하게 구분한다.

소설 《어린 왕자》에서 어린 왕자의 별 B-612를 파괴할지 모르는 위협자로 묘사되기도 한 바오바브나무.

잠베지강은 마치 호수처럼 잔잔하게 석양을 비췄다.

　그런데 바오바브나무 앞에 서니 '왜 어린 왕자는 장미와 바오바브나무를 구별할 수 없었을까?' 하는 생각이 든다. 왕자 말대로 장미나 바오바브나무나 둘 다 쌍떡잎식물이기 때문에 양쪽으로 가지런히 잎이 나는 점은 비슷하다. 게다가 잎도 하트 모양으로 닮았다. 하지만 싹의 크기가 확연히 다르다. 손바닥만 한 크기의 튼실한 바오바브나무 떡잎과, 가녀린 장미 싹을 구분하지 못할 사람은 아무도 없다. '될성부른 나무는 떡잎부터 알아본다.'는 말이 괜히 있는 게 아니다.

선착장에는 다양한 배가 기다리고 있었다. 크루즈라고 하지만 한강 유람선 같은 큰 배가 아니라 10~20명 정도가 타는 작은 배다. 우리 배는 《톰 소여의 모험》에 나올 법한 뗏목에 천장을 덮은 구조였다. 10명 정도 가 탔는데, 두세 명씩 무리 지어 앉아있었다. 이때까지 우리는 서로가 세 계 각국을 대표하는 '주당酒黨'이리라 상상도 못했다.

일몰을 보기 위한 배라서 보통 오후 4시에 출발해서 해가 지는 6시 가 조금 넘어서야 선착장으로 돌아온다. 선장과 조수 한 명이 같이 탔는 데, 조수는 음식도 나르고 노래도 부르면서 흥을 돋운다. 약속대로 배 안에서는 음료와 맥주, 와인, 샴페인 등이 무제한으로 제공되었다. 선장 은 아이스박스를 열어 보이며 마음껏 마시라고 의기양양했지만, 이 많 은 술은 두 시간 만에 동났다.

하마와 악어의 한 판 대결

하마 한 마리가 빠끔히 눈을 내민다. 하마는 거의 대부분의 시간을 물에 서 지내기 때문에 물속 생활에 유리하게 진화했다. 먼저 눈과 귀, 콧구멍 이 모두 두개골 위쪽에 있어 오랫동안 물에 떠있을 수 있다. 또 물속으로 잠수할 때는 물이 스며들지 못하도록 눈꺼풀·코·입·귀를 막아 완전 밀 폐 상태가 된다. 또한 눈은 망막이 이중 눈꺼풀로 덮여 흙탕물에서도 잘 볼 수 있다.

하마가 하루 종일 물속에서 사는 이유는 4톤이나 나가는 육중한 몸 때문이다. 육지에서는 미련하고 우둔해 보이지만, 물속에서는 부력을 이용해 움직이기 때문에 민첩하고 날렵해 보이기까지 한다. 물론 연애도 분만도 물속에서 한다. 수컷은 암컷에게 애정을 표현하기 위해서 큰 입을 벌린다.

그러나 아무리 물속이 편해도 먹이를 찾으려면 밖으로 나와야 해서 뚱보 하마는 밤마다 초원을 헤맨다. 그 덩치를 유지하기 위해 먹는 풀의 양도 어마어마하다. 갑자기 하마 한 마리가 '우-'하며 큰 입을 벌리고 하품했다. 사람 한 명을 통째로 삼킬 수 있는 크기다. 송곳니의 위력은 상상을 초월한다. 하마 이빨은 딱딱한 악어 피부를 뚫을 정도로 강력하다. 그 무시무시한 이를 보여주면서 영역 안으로 다가오는 동물을 위협한다. 초식동물이라서 천만다행이다.

강력한 이빨과 큰 입을 자랑하는 하마도 치명적인 약점이 있다. 눈앞의 것만 겨우 알아볼 정도로 시력이 좋지 않다. 밤눈과 길눈이 어두워서, 밤새 풀을 뜯어 먹다가 길을 잃기 십상이다. 하마는 쉴 새 없이 똥오줌을 싸놓고 그 냄새를 따라 집으로 돌아온다.

그러나 자기가 싸놓은 배설물만 믿고 정신없이 풀을 먹다가, 소나기라도 한 차례 쏟아지면 냄새와 흔적을 찾아낼 도리가 없어진다. 그러면 하마는 먹지도 않고 긴장과 초조, 불안으로 이리저리 방황하면서 자신의 냄새를 찾으려 혈안이 된다. 길을 잃으면 엉뚱한 곳에서 맹수의 집단 공격을 받아 최후를 맞는다.

하마는 동물원에 와서도 이런 습성을 버리지 못한다. 길 잃을 걱정이 없는 동물원에서도 뭍에서나 물속에서나, 시도 때도 없이 볼일을 본다. 똥과 오줌을 동시에 배출하면서, 꼬리를 쉴 새 없이 좌우로 힘껏 흔드는 바람에 배설물이 사방으로 튄다. 그래서 항상 하마 우리의 천장과 벽에는 똥칠이 되어있고, 웅덩이도 똥물로 변해버린다.

하마처럼 눈과 귀가 위로 몰린 놈이 또 나타났다. 물속의 무법자인 악어다. 물속에 몸통을 전부 담그고 가라앉아 바람에 따라 일렁거리다가, 먹잇감이 나타나면 가늘고 긴 눈꺼풀을 뜨고 사정거리까지 접근한다. 그리고는 두꺼비가 파리 잡아먹듯 한입에 먹이를 해치워버리는 무서운 수중 사냥꾼이 악어다. 비록 덩치는 왜소해졌지만 선조인 공룡을 닮아 난폭한 성격만은 여전히 남아있다. 물론 애틋한 면도 있다. 대부분의 파충류는 알을 낳고 떠나지만 악어는 끝까지 새끼를 보살핀다.

잠베지강에는 4톤의 뚱보 하마와 난폭한 악어가 함께 살고 있다. 둘이 싸우면 누가 이길까? 결론은 하마의 승리다. 하마가 겉모습은 순해 보이지만 사실은 굉장히 사납다. 아무리 단단한 등껍질로 무장한 악어라도 하마의 강한 이빨은 당해낼 수 없다. 하마에게 한번 물리면 악어는 으스러진다. 물론 하마는 초식동물이기 때문에 악어를 먹지 않는다. 그래서 하마와 악어가 같은 물속에서 사는 것이다. 실제로 잠베지강 근처에는 하마한테 꼬리를 잘린 불구 악어가 살고 있다. 멀리 가젤인 듯한

강력한 이빨과 덩치를 자랑하지만, 시력이 매우 좋지 않은 하마와
물위를 조용히 떠다니며 먹잇감을 찾는 악어.

초식동물이 강에 물을 먹으러 왔다. 어디선가 악어가 또 뱁새눈을 뜨고
노리고 있을 것이다.

　　잠베지강은 남아프리카 야생동물의 터전이다. 비록 최근 짐바브웨와
잠비아가 더 많은 관광객을 유치하기 위해 마구잡이로 개발하는 바람에,
야생동물의 보금자리가 위협받고 있지만 여전히 인간의 손길이 닿지 않
은 마지막 낙원이다.

　　폭포에 가까워질수록 굉음이 커졌다. 광활한 초원에 흩어져있던 야
생동물을 불러모으는 소리가 아닐까. 잔잔하던 물살도 조금씩 거세졌
다. 높은 물기둥이 보인다. 폭포 아래로 떨어지고 싶지 않다면 여기서

잠베지강의 저녁. 노을이 강물 속까지 흘러 들어갔다.

돌아가야 했다.

　때마침 노을이 지면서 잠베지강이 붉은 황금빛으로 변했다. 짙은 강물 위로 저녁노을이 반사되어 바람에 밀릴 때마다 물결은 은어 떼처럼 출렁였다. 저 멀리 다른 배의 사람들에게 손을 흔들고, 서로 술잔을 높이 들어 건배하는 모습은 여행이 주는 여유다. 선두를 따라 강 위를 저공비행하는 새 떼도 석양과 어울려 아름다운 그림이 된다.

04

슬픈 기억을 떨치고, 날아라! 짐바브웨 버드

대짐바브웨 가는 길

늦은 저녁, 대짐바브웨 유적지에 가기 위해 기차역으로 향했다. 빅토리아 폭포에서 목적지인 불라와요^{Bulawayo}까지 야간 기차로 열두 시간, 다시 마스빙고^{Masvingo}까지 버스로 다섯 시간을 가야 한다. 거기서 또 한 시간을 더 가야 목적지인 대짐바브웨 유적지에 도착한다. 출발 시간이 가까워오자 이불보따리 같은 큰 짐을 몇 개씩 든 현지인들이 모여들었다. 기차는 무척 낡아 보였다. 침대칸은 4인 1실 구조인데 침대에서 퀴퀴한 냄새마저 났다.

갑자기 옆 침대에서 짐 정리를 하던 여자가 비명을 질렀다. 윽, 바퀴 한 쌍이 침대 시트 위에서 꾸물거리고 있다. 우리나라 바퀴보다 훨씬 크고 색깔도 반투명한 갈색인 게 벌레라기보다 외계생물체처럼 무섭게 생겼다. 슬리퍼로 압사시켜 버릴까 했지만 용기가 나지 않는다. 그렇다고 밤새 이놈들과 같이 잘 수도 없는데⋯⋯. 비명소리를 듣고 달려온 승무원이 침대 주변에 약을 뿌렸다. 그러나 바퀴는 기절은커녕 약 올리듯 천천히 빈틈으로 숨어버렸다.

생물학자들 말에 따르면 지구가 멸망해도 바퀴는 살아남을 것이라고 한다. 바퀴는 대략 3억 년 전부터 지구에 살기 시작해, 한때 지구를 점령했던 공룡이 멸종하는 와중에도 살아남을 정도로 생명력이 강하다. 바퀴는 어떤 척박한 환경에서도 살 수 있도록 진화에 진화를 거듭했다. 미세한 털은 공기가 조금이라도 움직이면 위험신호를 감지한다. 위협을 느끼고 도망치는 데는 0.001초밖에 걸리지 않는다. 1초에 25번이나 방향을 바꿀 수 있고, 초속 1미터로 달린다. 사람이 자동차의 속도로 달린다고 생각하면 된다. 이런 속도로 달리면서 방향을 민첩하게 바꿀 수 있는 생물은 바퀴밖에 없다.

또 바퀴는 수축성이 좋은 외부 골격 때문에 아무리 조그만 틈이라도 비집고 빠져나갈 수 있다. 그러나 오늘날까지 바퀴가 살아남을 수 있었던 진짜 이유는 무엇보다 혐오감을 주는 외모 때문이 아닐까 싶다. 아무리 완전 멸균 처리 했어도 바퀴가 담긴 주스를 마실 수 있는 사람은 없을 테니까.

승무원이 뿌린 약 덕분에 바퀴는 일단 사라졌지만 이번에는 내가 약냄새에 질식할 것 같다. 환기를 하려 해도 굳게 잠긴 창문이 꿈쩍하지 않는다. 창틀에 낀 녹으로 보아 꽤 오랫동안 닫혀있었던 듯싶다. 힘겹게 겨우 열었더니 순식간에 내려와 손목을 다칠 뻔 했다. 단두대를 경험한 듯 섬뜩한 느낌이라니! 다시는 열지 말아야겠다.

배낭을 올리고 잠자리를 정리하고 나자 어느새 어두워졌다. 끝없는 초원 위에서 기차는 이따금 정차하며 어둠 속을 질주했다. 불빛 한 점 없으니 암흑에 빠져드는 착각이 든다. 맥주라도 한잔하려고 찾아간 식당차의 분위기는 음침했다. 어두운 조명 아래 굳은 표정의 남자들이 일제히 시선을 우리에게 돌렸다. 머쓱하게 웃으며 들어서는데도 무거운 분위기는 여전하다.

새벽에 일어나 복도로 나가려고 문을 열자 쿰쿰한 침실 공기와 차가운 새벽 공기가 섞였다. 창밖에는 황량한 들판과 척박한 땅이 이어지고 곳곳에 불을 피우고 있는 사람들이 보인다. 구름을 붉게 물들인 태양 아래의 아프리카 대지는 말로 표현할 수 없을 정도로 아름다웠다. 그러나 선로 주변은 쓰레기 더미로 지저분했다.

드디어 불라와요에 도착했다. 불라와요는 수도인 하라레^{Harare}에 이어 짐바브웨 제2의 도시로, '학살의 도시'라는 뜻을 담고 있다. 하라레의 의미도 '잠들지 않는 자'인 것을 보면 짐바브웨 사람들은 비장한 뜻이 깃든 이름을 좋아하나 보다. 해가 지기 전에 대짐바브웨 유적지에 들어가기 위해 서둘러 버스를 탔다. 버스는 손님을 꽉 채우고 나서야 출발했다. 앞좌석에서는 닭 우는 소리도 들렸다.

한참을 달렸을까. 버스 기사가 화장실에 다녀오라고 한다. 아무리

대짐바브웨로 향하기 위해 거쳤던 불라와요역.
'학살의 도시'라는 무서운 이름과 달리 작고 소박한 분위기였다.

주위를 둘러보지만 건물 하나 없는 허허벌판이다. 게다가 통로까지 꽉
찬 짐 때문에 밖으로 나가기도 힘들다. 결국 창문으로 뛰어내릴 수밖에
없었다. '벌판 화장실'의 사용법은 간단했다. 버스에서 내려 여자는 오
른쪽에서, 남자는 왼쪽에서 볼일을 보면 된다. 우산이라도 펴서 뒷모습
을 가리려는데 눈치를 보는 우리가 오히려 구경거리다. 덩치 큰 흑인 아
줌마들이 우리의 허연 엉덩이를 힐끗거리며 웃음을 참지 못한다.

　대짐바브웨에 가까워질수록 크고 작은 돌산이 눈에 많이 띄었다. 과
연 '돌의 집'이라는 이름다웠다. 짐바브웨는 쇼나Shona족 말로 '돌〔bwe〕

로 지은 집〔zimba〕'이다. 지금까지 거쳐온 나라들의 화폐에는 버팔로 같은 동물 그림이나 대통령 얼굴이 있었다. 하지만 특이하게 짐바브웨 화폐에는 아슬아슬해 보이는 밸런싱^{Balacing} 바위가 3단으로 그려져있었다. 또 국기에는 이곳에서 발견한 돌조각인 짐바브웨 버드^{Zimbabwe Bird}가 있었다. 짐바브웨 사람들에게 돌은 중요한 문명의 시작이자 정신적 교감의 대상이기 때문이다.

주변에 다른 숙박시설이 없어서, 오늘밤은 유적지 안의 로지에서 지내기로 했다. 우리나라로 치면 국립공원 안에 있는 취사가 가능한 숙소다. 그런데 입장료 계산법이 조금 희한했다. 현지인은 5달러를, 우리는 세 배나 많은 15달러를 내야 했다. 그렇다면 15달러짜리 표가 있어야 할 텐데, 현지인 표를 세 장 끊어주고는 그만이다. 정말이지 눈앞에서 코베이는 기분이다.

로마에 오면 로마법을 따라야지, 무슨 수가 있을까? 잠을 청했는데 밖에서 들려오는 냄비 부딪치는 소리에 놀라서 일어났다. 식탁은 이미 말썽꾸러기 원숭이들 세상이다. 쓰레기를 뒤지고, 냄비를 핥고, 널어놓은 양말을 훔쳐가고……. 뻔뻔한 원숭이는 아무리 소리를 질러도 도망가지 않는다. 그나마 다행히 음식이 집안에 있어서 아침은 먹을 수 있었다. '견원지간^{犬猿之間}'이라고 하더니만 예상도 못한 원숭이의 습격을 받고 나니, '인원지간^{人猿之間}'이라는 말도 무리는 아닐 듯싶다. 앗, 그런데 저 녀석들 어딘가 수상하다? '원숭이 엉덩이는 빨개……'로 시작하는

불라와요로 향하는 기찻길

대짐바브웨의 숙소인 로지. 밥을 직접 지어 먹으며 하루를 보냈다.

노래가 무색하게 위풍당당 검은 엉덩이를 보란 듯이 치켜든다.

옛날이야기에 따르면 원숭이의 빨간 엉덩이는 게와 싸우다가 물린 상처라고 한다. 그러나 모두 옛날이야기일 뿐이다. 원숭이 중에는 엉덩이가 검거나, 심지어 털로 덮인 종도 있다. 사촌뻘인 고릴라와 오랑우탄은 얼굴과 엉덩이 모두 시커멓다.

빨간 엉덩이의 비밀은 하얗고 얇은 피부다. 피부가 너무 얇아서 얼굴과 엉덩이처럼 털이 나지 않는 부위는 피부 밑의 모세혈관이 그대로 비쳐 빨갛게 보인다. 그래서 엉덩이가 빨간 원숭이는 얼굴도 빨갛다. 특히 엉덩이는 구애할 때 더욱 붉어지는 특성 때문에 마음에 드는 이성을

그곳에서 만난 원숭이는 한동안 말썽을 부리더니, 검은 엉덩이를 자랑하며 사라졌다.

부르는 수단으로 발달하기도 했다. 사람도 마음에 드는 이성 앞에 서면 얼굴이 빨개지는 것처럼…….

아프리카의 뛰어난 문명을 확인하다

원숭이에게 뺏긴 양말 한 짝을 포기하고 대짐바브웨 유적지로 출발했다. 유적지 안에서 잤기 때문에 입장권을 따로 끊을 필요는 없었다. 이곳은 사하라 사막 남쪽에도 문명이 있었다는 사실을 보여주는 유일한 유적지다. 오랫동안 유럽 사람들은 사하라 사막 북쪽은 이집트처럼 문

멀리서도 위용을 나타내는 대짐바브웨 유적.
아프리카 문명의 위대함을 실감할 수 있는 곳이다. 위는 언덕 구역, 아래는 대구역이다.

명이 발달한 곳이 있지만 남쪽에는 미개한 종족만 살았다고 여겼다.

그래서 관목 숲과 넝쿨로 덮인 폐허 도시를 발견하고는 그들의 백인 조상이나 남쪽으로 내려온 시바여왕이 세운 도시라고 생각했다. 시바여왕은 솔로몬왕의 지혜를 시험하기 위해 문제를 냈던 에티오피아 여왕이다. 백인들은 모르타르(석회석을 용광로에서 가열해 석회를 얻은 후, 모래와 물을 섞은 것)를 바르지 않고도 정교하게 쌓아올린 이 위대한 성벽을, 미개하다고 여겼던 아프리카인이 지었을리 없다고 확신했다.

그러나 20세기 초반, 과학적인 연대측정법이 가능해지면서 이 건축물이 11세기에서 15세기 사이에 지어졌으며, 쇼나족이 세운 거대한 제국의 유적이라는 사실이 밝혀졌다. 그들이 세운 월드컵 경기장의 100배가 넘는 이 도시는 언덕 구역, 원추형 탑이 있는 대구역, 주거지 계곡 구역으로 나뉜다.

유적지 입구에 어제 예약한 가이드 아가씨가 기다리고 있었다. 먼저 화강암으로 이루어진 '언덕 구역'을 올랐다. 가이드 아가씨는 경사가 제법 가파른데도 긴 치마를 입고 굽 높은 구두까지 신은 채로 언덕을 능숙하게 올랐다.

언덕 구역은 돌산 정상의 바위들을 기둥이나 벽 삼아 쌓은 성이다. '낙석 주의'라는 팻말을 보며 돌을 밟고 올라가자 점점 시야가 넓어지면서 건너편의 대구역이 눈에 들어왔다. 일부는 무너져 내렸지만 큰 규모는 짐작할 수 있었다. 이곳은 요새보다는 왕족의 의식용 망루로 쓰였다

굽 높은 구두를 신고 비탈길을 잘 올라갔던 가이드 아가씨.
돌계단을 지나면 원추형 탑이 있는 대짐바브웨의 대구역이 한눈에 들어온다.

고 한다. 고개를 숙이고 작은 문을 통과하니 잘 다듬어진 화강암 벽돌을 접착제도 쓰지 않고 차곡차곡 쌓아 올린 궁터가 나왔다. 빈틈없이 쌓은 정교함에 놀라면서도, 힘껏 밀면 무너질 듯 위태로운 곳도 보여 발걸음을 옮길 때마다 조심스러웠다.

성벽 곳곳의 뾰족한 첨탑은 짐바브웨 버드가 있던 자리다. 여덟 명의 왕을 상징하는 새들은 성벽 위 1미터 높이의 횃대에 깃발처럼 앉아있었다. 이곳 사람들은 짙은 녹색 활석滑石으로 새긴 이 새들이 하늘과 사람을 이어준다고 믿었다. 지금은 일곱 개만 박물관에 보관되어있는데, 식민지 시절에 유럽인들이 세계 곳곳에 선물로 보냈기 때문이다. 짐바브웨가 독

언덕 구역의 뾰족한 첨탑이 바로 짐바브웨 버드(오른쪽)가 있던 자리다.
짐바브웨 버드는 유럽에 빼앗겼다 되찾아와 박물관에 보관 중이다.

립하고 우여곡절 끝에 일곱 개는 돌아왔지만 아직 마지막 한 개가 남아프리카 공화국에 있다고 한다. 지금은 국가 상징이 되어 국기와 화폐 등에 그려진 1번 새도 멀리 독일까지 갔다가 돌아왔고, 7번 새는 불쌍하게도 회수 과정에서 목이 잘려나갔다.

　가이드가 갑자기 큰 바위 밑의 틈으로 들어가더니 쪼그려 앉았다. 거기서 소리치면 언덕 아래까지 들린다며 시범을 보였다. 옛날에 왕이 "세 번째 부인 올라와라." 하고 외치면 언덕 아래에 있던 부인이 왕을 모시러 왔다는 것이다. 믿기지 않지만 언덕 아래 내려가 확인 할 수도 없는 노릇이다.

사 막 별 에 서 만 난 친 구 들

미로에 갇힌 듯한 이중벽을 지나니, 원뿔 모양의 탑이 나타났다.

　가파른 옛길을 통해 화강암 언덕을 내려왔다. 이 넓은 유적지에 관광객이 우리밖에 없다. 그래서 그런지 평화로운 분위기다. 대구역은 높이 10미터에 두께 3미터로, 255미터의 둘레를 쌓은 성벽이다. 사하라 사막 이남의 아프리카에서 가장 큰 고대 구조물이다.

　이곳 역시 정교하게 자른 화강암 블록을 모르타르를 사용하지 않고 차곡차곡 쌓았는데 지그재그로 작업해 만든 갈매기 무늬도 있다. 이곳은 왕족의 구역으로 사용했다고 추정된다.

　북쪽 입구로 들어서자마자 외벽과 내벽의 이중 구조에 갇혀버렸다. 적이 이곳까지 침입하더라도 오히려 갈 곳이 없는 셈이다. 미로를 지나는 듯한 이중벽 사이를 지나니 10미터 높이나 되는 의식용 탑이 나왔다. 첨성대처럼 위로 갈수록 좁아지는 원뿔모양은 남근 숭배를 의미한다고 한다.

이솝 아저씨는 거짓말쟁이!

한낮의 햇볕이 뜨겁게 내리쬐고 있다. 잠시 땀을 식히기 위해 모자를 벗고 야자수 아래 돌의자에 앉자 시원한 바람이 불어온다. 지나가는 사람도 없으니 유적을 보러 왔다기보다 소풍을 나온 기분이다. 길을 구분할 수 없을 정도로 무성하게 자란 풀, 노란색 꽃이 가득 핀 꽃밭에서 꿀을 빨고 있는 나비와 벌…….

유적지를 가로지르며 뛰어가는 원숭이 한 마리를 따라 시선을 옮기니 두 마리, 세 마리, 아니 한 떼의 원숭이가 나무 사이를 오가며 놀고 있는 모습이 보인다. 돌과 같은 색으로 위장한 도마뱀은 성벽에 붙어있다가 사람이 지나가면 돌 틈 사이로 쏙쏙 숨는다.

바닥에는 개미들이 뚫어놓은 구멍과 퍼 올린 흙이 작은 언덕처럼 쌓여있다. 조금 떨어진 곳에는 몇몇 개미가 몸보다 몇 배는 무거운 잠자리를 옮기려 애쓰고 있다. 개미는 어떻게 '천하장사'가 된 걸까?

개미가 힘이 센 이유는 중력에 있다. 개미처럼 작은 벌레는 중력의 영향을 거의 받지 않기 때문에, 몸을 지탱하려고 많은 근육을 사용할 필요가 없다. 근육의 일부만으로 가능해서 큰 먹이를 끌고도 절벽을 오를 수 있다. 그러나 사람은 몸무게만큼 중력의 영향을 받아서, 근육만으로 몸을 지탱하기 어렵다. 그렇다고 억울해 할 필요는 없다. 벼랑 끝에 매달린 코끼리를 상상해보라! 그나마 우리는 유리한 편이다.

개미는 무거운 먹이를 옮길 때 무게중심에서 가장 먼 꼭짓점을 물어

대짐바브웨에서 만난 원숭이.
컵라면에 관심을 보이더니만, 기어코 빼앗아 도망쳤다.

서 바닥과의 마찰을 최소한으로 줄인다. 또 먹이를 물고 앞으로 갈 때는
자신의 몸무게보다 최대 6배, 뒤로 갈 때는 뒷다리를 바닥에 고정시키면
서 상체를 움직이는 방법으로 최대 64배를 옮긴다. 단단한 것을 물 수 있
도록 턱도 옆으로 잘 발달했다. 뒷다리도 개미의 자랑거리 중 하나다. 운
동선수처럼 굵고 근육이 촘촘하다. 반면 나비나 잠자리는 뒷다리에 근육
이 거의 없다.

　개미가 중력을 적게 받아 천하장사는 될 수 있었지만 물리 공부를 안
한 탓에 고생할 때도 많다. 대부분의 사람은 개미가 먹이를 나를 때 다
리가 엉키지 않도록 절묘하게 보조를 맞추는 모습을 보고, 개미가 부지
런하고 모범적인 일꾼이라고 생각한다. 그러나 먹이를 옮기는 장면을
실제로 관찰한다면 개미가 사서 고생한다는 것을 알 수 있다. 예를 들

평지에 불쑥 솟아오른 흰개미의 집. 피부가 건조한 흰개미는 이 탑 모양의 집에서
적정한 습기와 온도를 유지하며 살아간다.

어, 개미 여섯 마리가 송충이를 오른쪽으로 옮기는 경우, 네 마리는 오
른쪽으로, 나머지 두 마리는 그 반대쪽으로 먹이를 당긴다. 힘을 합해보
면 두 마리만으로도 충분한데 쓸데없이 여섯 마리나 달라붙은 것이다.

개미 관찰 삼매경에 빠졌다가, 흰개미들이 쌓아올린 고깔모양의 개
미집을 발견했다. 평지에 불쑥 솟아오른 바윗덩어리 같지만 가까이 살
펴보니 흰개미 수만 마리가 모여 사는 개미집이다. 이런 개미집은 케냐
와 탄자니아의 초원에 흔하지만 볼 때마다 신기하다. 피부가 부드러운
흰개미는 쉽게 건조해져서 대부분 땅속이나 죽은 나무 안에 산다.

특이하게도 이곳 흰개미는 사람 키 정도 높이로 탑 모양의 집을 짓는
다. 타액으로 흙을 뭉치고 운반하여 햇빛에 말리는 작업은 고통스럽지

만 그래야 아프리카 초원의 큰 일교차를 피할 수 있다. 땅속에 집을 지으면 낮에는 너무 뜨겁고, 밤에는 급속히 열이 식기 때문이다. 그러나 땅 위에 집을 지으면 온도가 일정하게 유지되고 습기 손실도 없다.

개미가 부지런하다는 이미지를 갖게 된 데는 이솝우화 〈개미와 베짱이〉의 영향이 클 것이다. 이 이야기에서 베짱이는 여름 내내 노래만 부르고, 개미는 열심히 겨울 식량을 마련한다. 결국 겨울이 되어 베짱이는 개미에게 먹이를 얻으러 가는데 실제로는 있을 수 없는 일이다.

개미가 겨울을 준비한다고 했으니 일단 온대 지방에 사는 개미 종류인데, 이곳의 개미는 모두 겨울잠을 자기 때문에 겨울 식량이 필요 없다. 또 베짱이가 여름 내내 노래를 부른 이유는 짝을 찾기 위해서다. 베짱이 수컷은 울음소리로 암컷에게 자신의 위치를 알린다. 이렇게 만난 수컷과 암컷은 가을에 알을 낳고 죽는다.

"이솝 아저씨! 거짓말하셨어요!"

석조유적지인 대짐바브웨에서 이런저런 생각을 하다 보니, 어느덧 내려갈 시간이다. 한때 아프리카 내륙의 중심지로 그 기개를 펼쳤던 대짐바브웨, 하지만 오늘날에는 쓸쓸한 폐허가 되어 옛 영화를 희미하게 증언하고 있었다. 야자수와 무성한 풀과 들꽃, 성벽에 사는 도마뱀과 땅굴 파는 개미, 나른한 오후의 햇살 속에 짝짓기하며 날아다니는 파리까지……. 이곳은 작은 생물들의 천국이 된 지 오래였다.

다이아몬드의 화려함 뒤에 숨은 아픈역사

짐바브웨 국립미술관을 관람하다

오후 늦게 다시 불라와요로 돌아왔다. 하라레는 짐바브웨의 다수파인 쇼나족 지역이지만, 불라와요는 소수파인 은데벨레Ndebele족 지역이다. 앞에서도 말했듯이 불라와요는 '학살의 도시'라는 뜻인데, 은데벨레족 왕이 이곳을 본거지 삼아 다른 종족과 대대적으로 전투했기 때문이다.

　짐바브웨의 경제 사정은 여행자의 지갑에도 조금은 잔인했다. 하룻 밤에 20달러 정도로 알고 찾아간 숙소에서 100달러를 불렀다. 외국인에 게 제대로 가격을 받지 않으면 단속에 걸리기 때문이라는 말도 안 되는 핑계를 댔다. 바가지를 씌우는 듯해 얼른 짐을 챙겨 나왔다. 그러나 주 변의 다른 숙소도 가격을 물을 때는 20달러였다가 계약만 하려고 하면 어디선가 걸려온 전화를 받고 100달러를 불렀다. 담합하려는 게 뻔하 다. 유명 관광지인데도 경제 불황과 불안정한 치안 상황 탓에 외국인의

불라와요의 시내.
경제 불황과 정치적 불안의 그늘이 드리워져있었다.

발길이 뚝 끊기니, 어쩌다 오는 여행객에게라도 한몫 잡으려는 심산이
다. 실제로 많은 여행자가 하라레나 불라와요를 피해 짐바브웨를 여행
한다. 남아프리카 공화국에서 만난 미국인 여행자는 '기자도 피해 가는
불라와요'를 지나왔냐며 나를 종군기자나 되는 듯이 대했다.

　날이 어두워지자 마음이 불안해졌다. 노숙을 할 수는 없고 100달러
를 내더라도 숙소를 잡으려고 하는데, 마스빙고에서 타고 온 승합차 기
사가 되돌아왔다. 일본인 여행자들이 방을 찾고 있다는 소문을 듣고 혹
시나 해서 왔다는 것이다. 우리는 어느새 불라와요의 뉴스거리가 되어
있었다. 기사는 친구가 일한다는 숙소를 소개해주었다. 숙소는 30달러

조금은 무서워 보이는 철망을 두른 상점들.
치안이 불안정해 종군기자들마저 기피하는 불라와요의 현실을 실감할 수 있었다.

에 깨끗한 편이었으며 따뜻한 물도 잘 나오는 데다 근사한 아침 식사까지 제공했다. 지금까지 묵은 곳 중 서비스가 가장 좋았다. 다만 담합에 동참하지 않은 기사와 그의 친구가 우리가 떠난 후에 동네에서 쫓겨나지 않을까 걱정될 뿐이었다.

서너 시간 숙소를 찾아 헤맸더니 배가 고팠다. 식당을 찾아 숙소를 나서는데 총을 든 경비원이 꼭 여럿이 함께 움직이라고 당부한다. 그러고 보니 모든 상점 외벽에 철망이 쳐있고 이른 시간인데도 문을 닫았다. 어떤 식당 앞에는 총을 든 경비원이 출입구를 지키고 있다. 켜진 가로등도 몇 개 없어 약간 무서웠다. 깜깜한 골목에서는 노숙자인 듯한 사람들이 불쑥 나타나서 깜짝깜짝 놀라게 했다.

다음 날 아침, 시내는 언제 그랬느냐는 듯 도시락을 들고 일터로 나가는 사람들로 가득했다. 케이프타운Cape Town행 비행기 출발 시각이 늦은 저녁이라, 낮에 불라와요 국립미술관과 자연사박물관을 가기로 했다. 미술관 관람에 별 흥미는 없지만 남는 시간에 달리 갈 곳도 없었다.

불라와요는 시내 한가운데를 동서로 가로지르는 거리를 중심으로 바둑판처럼 반듯하게 구획되어있다. 동서로 난 거리는 1번부터 15번까지 있다. 불라와요 국립미술관과 자연사박물관이 있는 레오폴드Leopold 거리는 7번 거리에 해당한다.

어렵지 않게 미술관에 도착했더니 오늘은 휴관이란다. 못 들어간다니까 갑자기 그림에 관심이 생기기 시작했다. 우리는 "멀리서 미술관을 찾아왔어요, 미술을 전공하는 학생인데, 마음에 들면 그림을 왕창 사겠어요!"라는 지킬 수 없는 약속으로 직원을 졸랐다. 결국 미술관 입성에 성공! 그러나 기대했던 쇼나조각과 화려한 색감의 그림은 대부분 팔려서 없고, 내 수준에서는 주제를 알 수 없는 그림만 몇 점 남아있었다. 이제야 왜 직원이 들여 보내줬는지 알겠다.

미술관을 잠깐 둘러보고 나와 아프리카에서도 손꼽힌다는 자연사박물관으로 갔다. 자연사박물관은 지각을 구성하는 광물, 암석, 화석과 동식물을 채집하여 연구·보존하는 곳이다. 가장 먼저 들어간 동물관에서는 아프리카 각지에 사는 동물의 박제를 전시하고 있었다. 사파리를 하면서 본 동물들이지만 가까이에서 털끝 하나하나까지 보니 느낌이 새롭

휴관일에 들어간 불라와요 국립미술관. 기대했던 쇼나조각이 많지 않아 아쉬웠다.

다. 이렇게 살아있는 모습을 재현한 것을 본박제本剝製라고 한다.

　박제를 만들 때는 우선 석고나 플라스틱, 종이 등으로 동물의 몸에 해당하는 심을 만들고, 얇게 벗긴 가죽을 입힌다. 심 만드는 작업은 조각과 거의 같은 과정이며 각 몸체의 크기를 정확하게 알아야 하므로 예술적 감각과 더불어 과학적 기술도 필요하다. 자연사박물관의 동물 박제는 살아있는 동물보다 더 생생해 보일 정도로 완벽했다. 그동안 세계 각국으로 박제품을 수출하면서 쌓은 실력을 그대로 확인할 수 있다.

광물관에서는 다이아몬드를 비롯한 금·루비·구리 등을 전시하고 있었다. 중학교 사회 시간에 외웠던 것처럼 잠비아의 구리, 남아프리카 공화국의 다이아몬드, 나이지리아^{Nigeria} 석유 등 아프리카에는 지하자원이 풍부하다. 그중에서도 가장 눈이 가는 쪽은 보석류다. 특히 다이아몬드는 아름다울 뿐 아니라, 아프리카의 아픈 역사를 대변하고 있어 더욱 관심이 갔다.

고대인류관에서는 올두바이 협곡에서 보았던 인류의 조상과 친척뻘 되는 원인의 유골, 구석기 토기, 가옥의 모형, 수렵과 전쟁 도구를 전시하고 있었다. 세계 제일이라는 독일자연사박물관과 비교해도 손색없을 정도로 전시품이나 설명이 잘 기획되어있었다.

2층에서는 민속 의상과 전통악기를 전시하고 있었다. 엠비라와 마림바가 눈에 띄었다. 엠비라^{Mbira}는 제사 때 죽은 사람의 영혼을 부르기 위해 연주되었던 악기다. 얇고 탄력 있는 쇠 건반을 손톱으로 튕기면 소리가 울려 퍼진다. 마림바^{Marimba}는 나무로 만든 실로폰이라고 생각하면 된

자연사박물관의 내부와 전시되어있는 박제들.
짐바브웨는 세계 각국으로 박제품을 수출할 정도로 기술이 매우 뛰어나다.

빅토리아 폭포에서 만난 마림바 연주단(오른쪽). 네 대가 서로 다른 음역의 소리로
화음을 만드는데, 같은 음을 반복하면서 흥을 돋운다. 왼쪽은 죽은 사람의
영혼을 부르는 악기인 엠비라다.

다. 크기가 서로 다른 나무통이 공명통 역할을 한다. 비슷하게 생긴 서
양 악기 마림바의 이름도 이 악기에서 따왔다.

　빅토리아 폭포에서 마림바의 공연을 본 적이 있다. 크기가 다른 마
림바 네 대가 각기 다른 음역의 소리로 화음을 만들었다. 가사는 알아듣
지 못했지만 비슷한 리듬과 가락을 반복한다는 것은 알 수 있었다. 그리
고 특이하게도 시작과 끝이 따로 없었다. 연주자들은 지나가는 사람이
있으면 연주를 시작하고, 관중이 모이면 신명나서 더욱 크게 불렀다. 그
러다 앞에 놓인 모자에 돈을 주고 가면 연주를 멈췄다. 또 하나의 특징
은 후렴 합창이다. '쾌지나 칭칭 나네'의 메기고 받는 형식처럼, 한 사

람이 먼저 소리 높여 부르면 후렴을 모두 따라 불렀다. 계속 들으니 마치 주술사의 주문에 말려드는 기분이었다.

역사관에서는 세실 로즈(Cecil J. Rhodes, 1853~1902)의 편지와 일기 등의 기록을 전시하고 있었다. 식민지 총독이라는 편견 때문일까? 욕심과 심술이 가득 찬 로즈의 얼굴을 뜬 마스크가 섬뜩했다. 1870년대 남아프리카에는 다이아몬드로 벼락부자가 되려는 사람들이 많이 몰려들었다. 이들 중 진짜 큰돈을 번 사람이 로즈인데 오늘날 세계적인 다이아몬드 유통회사인 드비어스DeBeers의 창시자다.

드비어스라는 이름은 남아프리카 시골에서 농사짓던 농부 형제의 성이다. 어느 날, 드비어스 형제의 농장에서 우연히 다이아몬드가 발견되었는데 그 가치를 모르는 형제는 로즈에게 속아 농장을 헐값에 넘겼다. 로즈는 '드비어스'를 설립하고, 다른 광산 소유자들에게 조직적인 채굴

아프리카의 풍부한 지하자원이 전시된 광물관(왼쪽).
세계적 명성의 다이아몬드 유통회사 드비어스의 창시자, 세실 로즈(가운데·오른쪽).
아프리카를 약탈한 제국주의자라는 비판을 받고 있다.

의 필요성을 강조하면서, 살 수 있는 광산은 모두 사들였다. 이는 그가 정계에 진출하여 각종 정책과 법을 영국인과 드비어스사에 유리하게 만들었기 때문에 가능했다. 결국 몇 년 만에 로즈는 세계 다이아몬드 물량의 90퍼센트를 공급할 정도로 벼락부자가 되었다. 그의 야심은 남아프리카에만 머물지 않았다. 지금의 짐바브웨와 잠비아에 해당하는 지역으로 북진해 자신의 이름을 따서 '로디지아' 라고 불렀다.

그는 드넓은 식민지를 세상 물정 모르는 원주민한테 헐값에 사들였다. 아프리카 최남단 케이프타운에서 북쪽 카이로까지 대영제국의 식민지를 구축하고 철길을 깔겠다는 야망 때문이었다.

그 후 로즈는 옥스퍼드 대학에 '로즈 장학재단' 을 설립했다. 미국의 클린턴Bill Clinton 전 대통령과 영국의 블레어Anthony C. L. Blair 전 총리를 비롯한 많은 영재가 이 장학금을 받았다. 이런 국제적인 육영사업으로 그의 과거가 묻히는 듯하지만, 아프리카인에게 로즈는 전형적인 제국주의자이며 불평등한 계약으로 모든 것을 앗아간 사기꾼에 지나지 않는다. 게다가 죽어서도 고향으로 가지 않고 전망 좋은 마토보 언덕을 차지하고 얄밉게 누워있다.

만약 지금까지 생산된 다이아몬드가 런던의 창고에 쌓이지 않고 시장에서 거래되었다면 에메랄드나 루비, 사파이어보다 더 쌌을 것이다. 다이아몬드는 독점으로 거래된 탓에 가격이 기하급수로 치솟았기 때문이다. 그러나 드비어스는 판매 가격의 백 분의 일도 안 되는 돈을 아프리카 광산에 지불했을 뿐이다.

슈퍼맨, 다이아몬드 반지 하나 만들어줘요

알다시피 흑연과 다이아몬드는 같은 물질인 탄소로 이루어져있다. 그러나 하나는 연필심으로, 다른 하나는 보석의 왕으로 대접받는 이유는 결정구조의 차이 때문이다. 흑연은 벌집 모양의 정육각형 꼭짓점에 자리한 탄소 원자가 타일을 형성한 2차원 구조다. 겹겹이 쌓인 타일은 쉽게 미끄러지는데, 이 때문에 무르고 잘 묻어나 연필심으로 쓴다. 반면 다이아몬드는 정사면체의 중심과 꼭짓점에 위치한 탄소 원자가 연속적으로 공유 결합하고 있는 3차원 구조다. 그래서 매우 단단하고 변형이 거의 없다.

다이아몬드는 탄소 덩어리가 지하 깊은 곳에서 높은 온도와 압력을 받으며 단단한 구조로 만들어져 탄생했다. 영화에서 슈퍼맨이 석탄 같은 물질을 꾹 쥐어 다이아몬드를 만들어내는 장면도 이런 원리를 바탕으로 했다. 실제로도 이 방법으로 인조다이아몬드를 만드는데, 값이 싸서 공업용으로 쓴다.

슈퍼맨이 탄소 덩어리를 다이아몬드로 만들더라도, 제대로 빛을 내기 위해서는 세공사의 손을 거쳐야 한다. 세공사는 최대한 빛을 반사할 수 있도록 다듬는다. 빛은 다이아몬드처럼 밀도가 높은 물질에서 공기

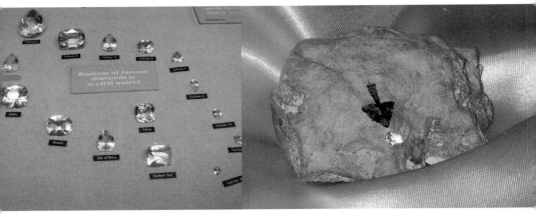

탄소 덩어리의 화려한 변신, 다이아몬드.
만약 아프리카에서 다이아몬드가 생산되지 않았다면 아프리카의 역사는 어떻게 되었을까?

처럼 밀도가 낮은 물질로 특정 각 이상 들어가면, 그 경계면에서 나오지 못하고 전부 반사된다. 이런 현상을 전반사^{全反射}라 하고 경계가 되는 각을 임계각^{臨界角}이라고 한다. 나오지 못한 빛들은 여러 번 반사되고, 그 빛이 섞여서 아름다운 빛을 만든다. 다이아몬드가 다른 광물보다 유난히 반짝거리는 까닭이 여기 있다.

드비어스는 '다이아몬드는 영원하다' 라는 역사상 가장 성공한 광고 문구로, 다이아몬드가 희귀한 보석이며 사랑을 영원히 지켜준다고 선전했다. 그러나 희귀성은 그들이 독점 거래한 결과일 뿐, 다이아몬드는 탄소 덩어리에 지나지 않는다.

'다이아몬드는 강하다' 는 말을 좀 더 정확하게 표현하면 '경도^{硬度}가

높다'는 뜻이다. 경도가 높은 물질은 낮은 물질에 흠을 낼 수 있다. 예를 들어 다이아몬드 커터^{cutter}는 유리뿐만 아니라 쇠에도 금을 그을 수 있다. 그러나 경도가 높다고 해서 충격에 강한 것은 아니다. 제아무리 다이아몬드라도 경도가 낮은 결정의 방향으로는 작은 힘만 줘도 장작 쪼개지듯 갈라진다. 또 열에도 약해서 뜨겁게 달구면 표면이 흐려지다 결국은 아무것도 남지 않고 타버린다.

영원한 사랑을 보장해준다던 다이아몬드는 지난 백 년간 생산국에게 부를 가져다 준 것이 아니라, 서로 전쟁을 벌이는 데 필요한 자금의 출처가 되었다. 영화 〈블러드 다이아몬드〉(2007)의 배경지인 시에라리온 $^{Sierra\ Leone}$, 100일 동안 80만 명이 학살된 르완다^{Rwanda}, 반군과 정부군이 다이아몬드를 팔아 얻은 자금으로 유혈분쟁을 벌인 앙골라^{Angola}와 콩고 ^{Congo}에서 어린 소년들이 마약에 취해 민간인에게 총을 쏘는 것도 모두 다이아몬드 때문이다.

다이아몬드의 값은 일부 유통회사에 의해 조작되었으며, 대부분 지옥 같은 살육의 땅에서 생산된다. 이런 사실을 알고도 '피의 다이아몬드'를 사랑의 증표로 신부에게 건네는 남자는 없을 것이다.

박물관을 나와 케이프타운행 비행기를 타기 위해 공항으로 향했다. 짐바브웨에서 케이프타운으로 가기 위해 대부분의 여행자가 2박 3일의 장거리 버스를 이용한다. 하지만 시간이 많이 걸릴 뿐더러, 홍콩과 남아프리카 공화국 구간의 표를 사면서 받은 할인 항공권이 있어 이번에 이

공항인지 의심될 정도로 불라와요 국제공항은 시설이 열악하다.
비행기 출발 시간도 제멋대로지만 나름의 재미가 있었다.

용하기로 했다. 아프리카 여행에서는 2박 3일의 타자라 열차 코스를 비롯해 장거리 여행을 계획하는 일이 가장 중요하다. 비용을 줄이자니 몸이 힘들고, 좀 편하게 비행기를 타려 해도 노선이 매일 있는 게 아니기 때문이다.

불라와요 국제공항은 양철로 지은 간이 건물로 마치 시골의 버스 정류장 같았다. 시설도 열악해서 직원들이 직접 수화물을 옮겼다. 수화물 컨베이어 벨트가 없기 때문이다. 물론 면세점도 없다. 남아프리카 공화국으로 가는 국제선 비행기는 경비행기 정도의 크기였다. 손님도 20명 남짓이었다. 마지막 남은 짐바브웨달러를 털어 공항 식당에서 닭다리를 곁들인 볶음밥을 점심으로 주문했다. 잠시 후, 출발 시간이 한 시간이나 남았는데 탑승 수속을 하라는 방송이 나왔다. 예약한 손님이 다 왔으니 조금 일찍 출발하겠다고 한다. 아직 음식이 나오지 않아 어쩔 수 없이 주문을 취소했다. 그러나 종업원은 이런 상황이 익숙하다는 듯 걱정 말고 출국장으로 들어가란다.

얼마 후 종업원이 여유로운 표정으로 음식을 가지고 출국장으로 들어왔다. 먹은 빈 그릇은 의자 아래에 두라고 했다. 공항에서 음식 배달까지 하다니, 놀라지 않을 수 없었다. 나는 수속하면서 여권도 내고 금속 탐지기도 통과했는데 그는 어떻게 여기까지 들어온 걸까.

불라와요 국제공항에서 난생처음 음식 배달도 받고, 금속 탐지기를 통과한 포크로 점심도 먹고, 손님이 다 왔다고 일찍 출발하는 비행기도 타보다니! 이해하기는 힘들지만 이것이 아프리카만의 매력 아닌가?

남 아 프 리 카 공 화 국 케 이 프 타 운

테이블 마운틴의 '악마의 봉우리'

360도 회전하는 케이블웨이를 타다

남아프리카 공화국에는 수도인 프리토리아^{Pretoria}, '아프리카의 뉴욕' 이
라 불리는 경제의 도시 요하네스버그, 가장 오래된 도시라서 '어머니의
도시' 라 불리는 케이프타운 등 유명한 도시들이 많다. 지금은 요하네스
버그나 무역항 더반^{Durban}에게 자리를 내어주었지만, 케이프타운은 17세
기 이후 유럽 열강의 영토 확장을 위한 각축장이 되어 오랫동안 정치 ·
경제 등 모든 분야에서 남아프리카 공화국 제일의 도시였다.

케이프타운은 1488년 포르투갈의 바르톨로뮤 디아스(Bartolomeu
Diaz, 1450~1500)가 희망봉을 발견하면서 알려졌다. 이후 네덜란드 동인
도회사의 리베크^{Jan V. Riebeeck}가 동양무역의 보급기지를 건설하기 위해 케
이프타운에 상륙한 후부터 네덜란드인의 이주가 계속되었다. 18세기 후
반, 네덜란드를 물리친 영국은 1961년까지 인종차별을 비롯한 시위대의

경제 개발의 화려함과 식민지 시대의 아픔을 동시에 간직한 남아프리카 공화국.
이제 나는 아프리카 대륙의 최남단에 가까워졌다.

무차별 학살과 금과 다이아몬드의 채굴로 얼룩진 식민지를 만들었다.
다양한 인종과 문화가 뒤섞인 남아프리카 공화국은 '무지개 나라' 라고
도 불린다.

　케이프타운 국제공항은 지금까지 본 여느 공항과 무척 달랐다. 일단
20달러에서 40달러까지 하는 비자비를 받지 않는다. 관광 안내서와 공
짜 지도를 이번 여행에서 처음 받아본다. 공항을 나서니 택시 기사들이
몰려들었다. 발전한 남아프리카 공화국에서도 호객 행위는 여전하다.

여행자의 거리 롱스트리트에서 가장 유명한 '마마 아프리카'.
공연이 끝나면 모두들 무대로 나와서 신나게 춤춘다.
코카인 때문에 하들짝 놀라 줄행랑쳤던 기억이 지금도 선하다.

시내로 들어가는 공항 버스는 10랜드, 우리 돈으로 1,600원가량이다.

버스가 시내에 들어설 무렵 어느덧 어둠이 깔리고, 케이프타운의 상
징이라고 할 수 있는 테이블마운틴^{Table Mauntain}이 나타났다. 시내는 테이블
마운틴과 대서양, 사자언덕으로 둘러싸여 있는데, 펑퍼짐한 사자 엉덩
이 모양의 언덕이 푸근한 느낌을 준다.

케이프타운의 숙소는 고급 호텔이 있는 워터프론트^{Water Front}나 배낭
여행자를 위한 게스트하우스가 있는 롱스트리트^{Long Street}에 많다. 주머니
사정이 넉넉하지 않은 나는 롱스트리트에 있는 백패커(Backpacker, 저렴

한 숙소)로 갔다. 배낭 여행자의 거리답게 숙소는 물론 분위기 좋은 카페와 음식점이 줄줄이 서있다. 클럽의 쿵쾅거리는 음악소리의 진동이 건물 밖에 있는 내 심장까지 흔들었다.

숙소 주인은 내일 오전까지 날씨가 흐리기 때문에 오후에 테이블마운틴을 올라가는 편이 좋겠다고 했다. 나는 그 얘기를 듣고 즉시 클럽으로 향했다. 클럽 마마 아프리카는 마림바 연주로 유명하다. 입장료 10랜드를 내고 들어갔다. 실내는 컴컴했고 춤추는 사람들로 가득했다. 낯선 사람 틈에서 춤춘다는 게 조금은 머쓱했지만, 시간이 흐르자 자연스레 함께 어울렸다. 어차피 다들 여행자이지 않은가.

시간이 더 지나자 무대 위의 북을 쳐보고 싶어졌다. 용기를 내어 맨손으로 북을 쳤는데 박자 맞추기는 별로 어렵지 않으나 손바닥이 따가웠다. 북 치는 아저씨의 손바닥이 곰발바닥 같은 이유를 알겠다. 그때까지만 해도 내일 오전까지는 시간이 있으니 코 삐뚤어지게 놀아볼 심산이었다. 그러나 생각에 그치고 말았다. 조금 전 같이 춤춘 백인 남자가 코카인이라며 건넸다. 냄새를 맡으라는 뜻인지 먹으라는 뜻인지 모르겠지만, 순간 정신이 번쩍 들었다. 그 길로 숙소로 줄행랑! 거리에 삼삼오오 모인 사람들이 모두 마약중독자로 보였다. 케이프타운의 첫날밤은 그렇게 지나갔다.

케이프타운의 상징인 테이블마운틴은 시내 어디서든 잘 보인다. 어젯밤에는 은은한 조명 때문에 신비롭게 느껴졌는데, 낮에 보니 거대한 절벽이 웅장하다. 테이블마운틴은 윗부분이 싹둑 잘려나간 듯한 모양 때문에 '식탁산'이라고도 불린다. 해발 1,085미터로 그리 높은 산은 아니지만 절벽이 바다와 맞닿아있어 꽤 높아 보였다.

300미터 지점부터는 케이블웨이(cableway, 보통 '케이블카'라고 부르는, 경사면에 설치한 운송용 기계)를 타고 정상에 오를 수 있다. 걸어서도 올라갈 수 있지만 세 시간가량 걸린다. 130랜드, 우리 돈으로 2만 원이 넘는 탑승료지만 360도 회전한다는 케이블웨이가 어떤 것인지 무척 궁금했다. 실제로 보니, 여느 케이블카와 비슷하게 생겼는데, 회전하면 줄이 끊어질 듯 위태로워 보였다.

케이블웨이가 올라가면서 눈앞의 풍경도 조금씩 움직이기 시작했다. 한 바퀴 돌면 항구가 나타나고, 다시 한 바퀴 돌면 사자 엉덩이가 나타났다. 그 다음에는 시내가 한눈에 보이더니, 대서양이 떠올랐다. 케이블웨이 몸체는 그대로인 상태에서 바닥이 회전해 사방을 볼 수 있다.

360도를 회전하든 그렇지 않든 케이블웨이의 공통점은 줄이 느슨하다는 것이다. 케이블웨이의 줄이 팽팽하지 않다고 겁먹을 필요는 없다. 팽팽하다면 오히려 이상하다. 사람도 완전한 일자로 양팔을 벌릴 때 가장 힘들다. 천하장사도 실 중간에 돌을 매달고 양끝을 잡아당겨 수평 상태를 오래 유지하는 일은 불가능하다.

중력 작용을 받는 케이블웨이의 무게를 양쪽으로 당겨서 나누려면 반드시 어느 정도 각이 필요하다. 줄이 느슨할수록 양쪽에 작용하는 두

케이프타운의 상징이며 내게도 잊지 못할 '악마의 봉우리' 추억을 선사한 테이블마운틴.
해발 300미터부터는 '케이블 웨이'를 타고 오른다.

테이블마운틴 정상에는, 연약해 보이지만
거센 바람을 꿋꿋이 이겨내는 야생화가 피어있었다.

힘의 합이 커지기 때문이다. 반대로 줄이 팽팽할수록 두 힘의 합이 작아
지고 양쪽에 작용해야 하는 힘은 커진다. 완전히 팽팽해지기 위해서는
무한대의 힘이 작용해야 하는 것이다. 케이블웨이의 줄이 항상 느슨한
이유다.

　평평한 식탁산 정상에 오르니 시내뿐 아니라 케이프 반도 전체가 보
였다. 남쪽으로는 12사도라고 불리는 봉우리가 해안을 끼고 희망봉까지
이어졌다. 육지에서 그리 멀지 않은 거리에 로빈^{Robben} 섬이 있다. 17세기
부터 흑인 노예를 가두는 장소로 사용되었는데, 인종 격리 정책인 아파
르트헤이트^{Apartheid} 시절, 넬슨 만델라 전 대통령이 18년이나 투옥되었던
죽음의 섬이다. 파도가 잠잠할 때 헤엄치면 육지에 닿을 만한 거리지만
탈출을 꿈꾸기에는 위험하다. 득실대는 상어 떼 때문이다. 지금도 상어

떼가 심심치 않게 해변으로 다가와 인명 피해를 낸다고 한다. 요즘은 간 큰 잠수부들이 일부러 상어 구경을 위해 바다에 들어간다. 물론 튼튼한 안전장치를 하고서.

수직으로 깎인 절벽은 층층이 쌓인 퇴적층의 경계가 분명하게 보였다. 오래전 지각변동에 의해 바다 밑 퇴적지형이 솟아올라 만들어졌다는 증거다. 과연 테이블 마운틴의 정상은 이름대로 넓고 평평했다. 바다에서 솟아오른 윗부분부터 오랜 시간 비와 바람에 깎였기 때문이다. 애초에 차곡차곡 쌓인 지층은 깎일 때도 그 모양이 유지된다.

절벽으로 둘러싸인 정상은 산 아래 환경과 단절되어있었다. 강풍에 나무도 자라지 못하는데 용케도 적응한 식물이 있었으니, 바로 야생화다. 남아프리카 공화국의 꽃인 킹 프로테아King Protea부터 핀보스Fynbos, 에리카Erica, 핀쿠션Pincushion 등 발견된 식물만 1500종이 넘는다.

정상의 날씨는 그야말로 변덕이 죽 끓듯 했다. 햇빛이 쨍쨍하다가도 구름이 해를 가리면 금세 추워지고 바람이 거세졌다. 절벽을 내려다보는데 구름이 스물스물 올라오더니 한 치 앞도 안 보였다. 구름 속에 갇힌

것이다. 한참을 헤치고 다니자 어느 순간 눈앞이 뻥 뚫렸다. 낮은 고도인데도 이곳에 구름이 생기는 이유는 강한 상승기류 때문이다. 바닷바람에 실려온 공기가 급하게 상승하면서 온도가 떨어지고, 이때 수증기가 물방울이나 얼음알갱이로 응결되면서 구름이 만들어진다. '산 할아버지 구름 모자 썼네. 나비같이 훨훨 날아서, 살금살금 다가가서 구름 모자 벗겨오지.'라는 노래 가사처럼 같은 시각, 누군가 시내에서 테이블마운틴을 봤다면 구름 모자를 볼 수 있었을 것이다.

'악마의 봉우리'를 향해 달리고 또 달렸건만

정상 안내문에 '테이블마운틴은 동서로 3킬로미터, 남북으로 10킬로미터 이어지는데 반대편 끝에서 악마의 봉우리를 볼 수 있다.'라는 문구가 있었다. 머릿속으로 시간을 계산했다. 10킬로미터 단거리 마라톤을 45분에 달린 기록이 있으니 한 시간 반에서 두 시간이면 여유 있게 악마의 봉우리를 보고 돌아올 수 있을 것이다. 달렸다. 예쁜 야생화나 귀여운 몽구스Mongoose가 보여도 악마의 봉우리를 보기 위해 눈길도 주지 않고 뛰고 또 뛰었다. 그렇게 두 시간을 달렸는데

거대한 돌무덤 같은 '테이블마운틴 끝'.
이걸 보려고 두 시간을 달린 걸까?

아무것도 나타나지 않았다. 어느 지점부터는 사람조차 보이지 않았다.

갑자기 안개가 깊어지더니 귀신이 나올 듯한 돌무덤이 나타났다. 자세히 보니 돌무덤에 '테이블마운틴의 끝'이라고 쓰여있다. 악마의 봉우리는 어디 있는 걸까. 둘러봐도 구름 속으로 끝이 보이지 않는 길만 이어져있을 뿐이다. 되돌아갈 수도, 그렇다고 앞으로 더 갈 수도 없는 상황이다. 안개는 더욱 깊어져 오던 길도 보이지 않았다. 구름 속에 갇혀서 방향감각까지 잃어버렸다. 날은 점점 어두워졌다. 달리면서 스쳐지나간 바위의 모양을 기억하며 겨우 방향을 잡았다.

갑자기 사이렌이 울렸다. 바람이 거세져서 케이블웨이의 운행을 중단하겠다는 신호다. 두 시간을 넘게 뛰었는데 산 아래까지 걸어 내려가는 일은 상상조차 할 수 없다. 전망대에서 우아하게 커피나 마시며 케이프타운 시내를 내려다볼 줄 알았던 테이블마운틴에서 이런 고생을 하다니……. 잠시 쉬려고 하면 빨리 달리라는 듯 해마저 구름 속에 숨었다. 햇빛이 가려지면 왠지 더 불안해졌다. 지금 돌이켜보면 죽을힘을 다해 뛰었다는 것밖에 기억나지 않는다.

전망대가 보이면서 의식이 돌아왔다. 바람은 몸을 제대로 가눌 수 없을 정도로 강했다. 식당 직원도 이미 내려갔는지 주위에 아무도 없다. 사이렌이 한 번 더 울렸다. 혹시나 해서 케이블웨이 승강장으로 갔더니 마지막 한 대가 있었다. 그 순간 울음이 터져나왔다. 케이블웨이에 타고 있던 사람들은 헝클어진 머리카락에 눈물범벅인 날 보고 놀라는 듯했다.

안에서 어디선가 한국어가 들렸지만 모른 체했다. 이런 모습과 기분으로 누구와 이야기하고 싶지 않았다. 가만히 있으면 일본인이나 중국인으로 보이리라 생각했다.

"저······ 한국분이세요?"

가방에 붙은 커다란 한글 이름표 덕분에 금방 탄로 났다. 그들은 어학 연수 온 대학생인데 지난 3개월 동안 날씨가 나빠 오늘에서야 테이블마운틴에 올랐다고 했다. 그러나 하루 만에 오른 내가 행운을 잡았다는 생각은 전혀 들지 않았다.

학생은 그동안의 경험을 쏟아 붓듯 이야기했다. 칼이나 권총을 든 강도를 만나는 게 예사라 절대 큰길을 벗어나면 안 된단다. 3일 전에도 백인 여성이 길거리에서 총에 맞아 숨졌으며, 특히 한국인 여행자는 현금을 많이 가지고 다니기 때문에 날치기의 표적이 된다고 했다.

"저는 강도가 나타나면 당장 주려고 20랜드를 따로 챙겨뒀어요."

평화롭다 느꼈던 케이프타운이 갑자기 무서워졌다. 10년 전만 해도 오후 5시가 넘으면 흑인은 시내를 돌아다닐 수 없었다고 한다. 해가 지기 전에 도심 밖으로 빠져나가야 했기 때문이다. 발각되면 무차별 폭행을 당하기 십상이었다. 아파르트헤이트 종결 이후 눈에 띄는 인종차별은 없어졌지만, 아직도 케이프타운 시내에는 청소부나 주차 요원을 제외하면 흑인이 거의 없다. 백인들은 케이프타운을 '어머니의 도시'라고 부르지만 흑인들에게는 아픈 식민지 역사가 시작된 곳이다.

다 내려와서 보니 테이블마운틴은 구름으로 가득 덮여있다. 그토록 열심히 달렸는데 악마의 봉우리 끄트머리라도 보여주면 좀 좋을까. 악마의 봉우리에 가지 못하도록 테이블마운틴이 고무줄처럼 몸을 늘여 골탕을 먹인 것 같아 얄미웠다.

우리가 테이블마운틴을 떠난 지 이틀 후, 신문 1면에 그곳 화재 소식이 실렸다. 영국인 여행자가 케이블웨이에서 버린 담배꽁초로 화재가 나서 3일 동안 산이 타고 한 명이 질식사했으며, 테이블마운틴의 희귀 동식물도 많이 죽었다고 한다. 이곳 역사상 가장 큰 화재라고 알려졌다. 관광객의 사소한 실수가 그렇듯 큰 재앙을 부르다니. 나는 괜시리 원망을 퍼부었던 그날을 떠올렸다. 사실 자연은 늘 있던 자리에 있었을 뿐이 아닌가?

"테이블마운틴, 미안해. 미워해서 정말 미안해."

아프리카에 펭귄이 산다고?

물개들의 낙원에 가다

테이블마운틴의 산세는 대륙의 끝이라 불리는 희망봉까지 연결되어있
다. 대부분의 여행자는 희망봉에 가기 위해서 현지 여행사의 당일치기
단체 관광을 이용한다. 숙소에도 여행사 광고지가 많았지만, 나는 시내
중심에 있는 여행 안내소로 갔다. 10여 명의 직원이 근무하고, 다양한
안내서가 비치되어있어 상세한 정보를 얻을 수 있었다. 친절한 아줌마
직원이 가장 일반적이고 인기 있는 '물개섬-희망봉-펭귄 해변' 일정을
추천했다. 안내책에 나온 공식 가격은 점심을 제외하고 350랜드(56,000
원 상당)였다.

　　그녀는 어디서 왔느냐, 여행은 좋았느냐 등 통상적인 질문을 했다.
갑자기 지난번 테이블마운틴에서 헤맨 경험이 떠올라서 들려줬다. 열심
히 뛰어갔는데 악마의 봉우리도 못 보고 울면서 돌아왔다, 테이블마운

턴은 나쁘다……. 흥분하며 이야기하자 자지러지게 웃었다. 내가 조금 불쌍해 보였는지 그녀는 직접 여행사에 전화해 여행 요금을 300랜드로 흥정까지 해주었다.

다음 날 아침 7시, 숙소 앞에서 관광버스가 기다리고 있었다. 내가 묶는 숙소가 롱스트리트의 가장 끝에 있기 때문에 제일 먼저 데리러 온 것이다. 롱스트리트의 백패커와 워터프론트의 고급 호텔을 지나면서 각국에서 온 10여 명의 여행객이 더 탔다. 가이드 겸 운전수인 제이슨은 백인으로 빡빡머리에 키가 무척 컸다. 케이프타운에서 해안 도로를 따라 남쪽으로 내려갔다. 시내를 벗어나자마자 오른쪽으로 시원한 바다가 펼쳐지고, 고급 주택과 작은 해변이 연달아 나타났다.

1488년 디아스가 서양인 최초로 희망봉을 발견했을 때도, 1652년 네덜란드 사람들이 동인도회사 보급기지를 건설할 때도, 그 누구도 이곳이 아프리카에서 가장 번화한 도시가 될 줄 몰랐을 것이다.

케이프타운으로 사람들이 몰리는 데는 기후가 한몫했다. 이곳은 지중해성 기후로 일 년 내내 큰 변화 없이 따뜻하다. 무엇보다 강한 바닷바람 덕분에 대기오염이 없어서 굉장히 상쾌하다. 요즘도 유럽의 부자들은 케이프타운 근처 바닷가에 별장을 짓고 천혜의 날씨를 누린다. 여름에는 피서를 즐기고, 겨울에는 따뜻한 바닷물에서 요트 같은 해양스포츠를 한다. 그러나 흑인은 아무리 돈이 많아도 이런 곳에서 살 수 없다.

40분가량 해안가 드라이브를 마치고 호트베이Hout Bay 항구에 도착했

'나무로 덮인 만' 이라는 뜻의 호트베이는 식민지 시절 무분별한 벌목이 이루어져서, 현재는 이름과 전혀 다른 모습이다.

다. 여기서 배를 타면 물개 수천 마리가 산다는 '물개섬' 으로 갈 수 있다. 호트베이는 '나무로 덮인 만' 이라는 뜻으로 목재를 뜻하는 독일어에서 유래했다. 사람이 접근할 수 없을 정도로 숲이 우거졌다는데 초기 식민지 시절의 목재 채취로 인해 지금은 흔적도 찾을 수 없다. 항구에 날렵한 요트들이 줄지어 서있었다. 아마도 이곳에 오면서 지나쳤던 고급주택에 사는 사람의 소유일 것이다.

호트베이는 몇 개의 선박회사가 시간대를 다르게 하여 여객선을 운행하고 있다. 승선 인원이 백 명인 칼립소 호는 내부 바닥이 유리라서 바다 속을 내려다 볼 수 있었다. 선착장에서 반갑게도 한글로 쓰인 안내문을 발견했다. 어찌나 기쁘던지 감격스럽기까지 했다. 영어, 일어와 함께 한국어로 "물개를 잡거나 해치는 행위를 할 경우 벌금을 물게 된다."는 안내방송도 나왔다. 물론 그다지 긍정적인 내용은 아니었지만, 우리나라 관광객이 늘고 있음을 실감했다.

항구를 출발한 지 10여 분 후, 파도가 거세지고 바다색도 짙어지면서 수심이 깊어지고 있었다. 드디어 섬을 가득 채운 수천 마리의 물개가 보였다. 일광욕을 즐기는 물개, 자맥질하는 물개, 서로 얼굴을 부비고 있는 물개…… 이제까지 동물원에서 본 조련사의 손짓에 따라 재주를 부리던 물개가 아니었다. 게으름을 피우며 저희들끼리 희희낙락 유희를 즐기는 모습은 야생 그대로였다.

엉엉거리는 물개 소리가 얼마나 큰지 옆 사람 말소리가 잘 들리지 않았다. 태어난 지 얼마 되지 않은 검고 매끈한 물개가 보였다. 물개는 나이를 먹을수록 덩치가 커지고, 갈색이나 회색 털로 털갈이를 한다. 다 크면 암컷은 60킬로그램, 수컷은 360킬로그램에 이른다.

유람선이 천천히 섬 주위를 돌며 구경할 시간을 준다. 정기적으로 물개 상태를 연구하는 동물학자만 섬에 내릴 수 있다. 물개는 덩치 큰 수컷 한 마리가 사오십 마리의 암컷을 거느린다. 이삼 개월의 번식기 동안 수컷은 하루에 20~30회씩, 통산 600~1800번 교미한다. 암컷과 새끼를 지키려고 먹이잡이도 나가지 않는다.

사 막 별 에 서 만 난 친 구 들

어떤 사람들은 물개의 생식기를 먹으면 물개의 정력을 갖는다고 믿는다. 바로 정력 강장제의 대명사처럼 불려온 해구신海狗腎이다. 그늘에서 백일 동안 말린 생식기를 술에 하루 담갔다가, 종이에 싸서 구워 먹으면 효험을 볼 수 있다고 한다. 해구신이 발기 부진과 정력에 도움을 주고 허리를 따뜻하게 해준다는 것이다. 그러나 성분을 분석해보면 과연 가능한지 의심이 간다.

해구신은 단백질과 지방, 유기물, 호르몬 등으로 구성되어있다. 그러나 주성분은 콜라겐collagen과 엘라스틴elastin 같은 경성단백질로, 생선이나 콩에 들어있는 고단백질에 비하면 인간의 성기능 강화에 미치는 영향은 아주 미미하다. 과학의 발전으로 오늘날에는 싼 값에 품질 좋은 남성 호르몬을 구할 수 있다. 그런데도 사람들이 해구신을 먹는 이유는 효과가 있을 것이라 믿는 플라시보placebo 효과 때문이 아닐까? 우리나라 남자들의 '해구신 사랑' 은 북극의 에스키모들도 알 정도라는데, 성분도 잘 모르면서 무턱대고 좋다고 믿는 것은 금물이다.

아프리카의 물개는 물개쇼를 하지 않는다

물개는 민감한 콧수염을 이용해 물고기나 조개 등을 잡아먹고 산다. 먹이 사냥을 위해 바닷물에 뛰어드는 물개는 인간과 거의 비슷한 36~38도가량의 체온을 유지한다. 그 비결은 털뿐 아니라, 3~4센티미터나 되

관광객들의 시선에는 아랑곳 없이 물개는 방파제에서 일광욕을 즐긴다.

는 지방층이다. 극지방에 사는 종은 14센티미터 정도다. 두꺼운 체지방층이 열전도율을 낮춰 체온 손실을 막는다. 오히려 물 밖에 너무 오래 있다 체온이 올라가면 위험하기 때문에 바닷물로 몸을 식혀야 한다.

포유류인 물개는 허파 호흡을 하기 때문에 대부분 뭍에서 생활한다. 물속에서 지느러미 역할을 하는 앞다리가 뭍에서는 다리가 된다. 튼튼한 앞다리는 갈비뼈와 함께 내장을 안전하게 보호하며 뭍에서 생활하도록 돕는다. 그래서 '물개쇼'도 가능하다.

그런데 관광안내소의 광고판을 보니 '물개섬'이 아니라 'SEAL ISLAND(바다표범섬)'라고 쓰여있다. 호트베이 매표소의 안내도 마찬가지였다. 그렇다면 내가 물개섬이 아니라 바다표범섬을 다녀온 것인가? 갑자기 당황스러웠다.

그러나 이곳에는 바다표범이 아니라 분명히 물개가 살고 있다. 바다표범은 표범처럼 얼룩무늬가 있으며, 귓바퀴가 없다. 그러나 물개는 귓바퀴가 있고 다리 네 개 모두가 지느러미 모양이다. 또 물개가 상체를 세우고 걸을 수 있는 반면, 바다표범은 앞발은 앞쪽을, 뒷발은 뒤쪽을 향하기 때문에 걷지 못하고 기어 다닌다. 물개는 일부다처제지만 바다표범은 일부일처제라는 점도 다르다. 이 둘과 비슷하게 몸집이 육중하고 큰 코와 상아가 있는 녀석은 바다코끼리다.

바다표범, 바다사자, 바다코끼리는 모두 기각류鰭脚類에 해당한다. 지느러미처럼 생긴 발이 있다는 뜻이다. 이와 달리 물개는 바다사자과에 속한다. 우리는 보통 기각류를 통틀어 '물개'라고 부르지만, 이곳 사람들은 '바다표범'이라고 한다. 우리나라 사람들이 물개를, 남아프리카 공화국 사람들이 바다표범을 더 좋아해서가 아니다. 짧은 단어로 묶어 부르는 게 편하기 때문이다. 물개와 바다표범을 구분하느라 힘들어하는 사람은 결국 과학 선생인 나밖에 없었다. 역시 생각이 많으면 피곤한 법이다.

호트베이를 출발한 버스가 남쪽의 채프먼스 피크 드라이브Chapman's Peak Drive길을 달렸다. 한편에는 푸른 대서양이, 반대편에는 험한 절벽이 올려다 보이는 아찔한 길이다. 30분가량 달려 희망봉 자연보호 구역에 들어섰다. 87미터 높이의 해안 절벽인 케이프 포인트Cape Point를 정점으로 넓게 펼쳐진 평원에 희귀식물과 원숭이, 타조 등의 야생동물이 살고 있다.

케이프 포인트의 바람은 몸을 가누기 힘들 정도로 거셌다. 정상에 오르자 온도가 낮은 대서양의 검푸른 빛과 따뜻한 인도양의 에메랄드

빛이 뚜렷한 경계를 보였다. 이렇게 두 해류가 만나는 곳에서는 소용돌이가 일어난다.

바람이 너무 세서 난간에 서있는 채로 바람 마사지를 맞는 기분이다. 등대 옆에 세워진 이정표에는 이곳부터 지구 곳곳까지의 거리가 표시되어있다. 베이징 12,933킬로미터, 뉴욕 12,541킬로미터, 도쿄 14,724킬로미터……. 서울은 없다. 올림픽과 월드컵을 개최했는데도 아직 널리 알려지지 않았나 보다.

케이프 포인트에서 내려와 해안으로 향하는 산책길을 걸었다. 가방에 있던 빌통Biltong을 꺼내 먹었다. 빌통은 우리나라 육포와 비슷한데 소고기 이외에도 타조와 영양의 일종인 쿠두Kudu 고기 등으로도 만들며 종류가 다양하다. 어디선가 갑자기 개코원숭이가 나타나더니 꽥꽥 소리를 지른다. 나도 놀라서 "악!" 하고 소리 질렀더니 펄쩍펄쩍 뛰던 원숭이가 다리를 할퀴었다. 순간 반사적으로 들고 있던 빌통을 멀리 던졌다. 개코원숭이는 땅에 떨어진 빌통을 재빨리 주워 먹고는 달아나버렸다. 무섭기도 했지만 다리 상처가 꽤 아팠다. 버스로 돌아와 제이슨에게 원숭이 습격 사건을 이야기했다.

"이곳의 개코원숭이는 음식 든 사람만 보

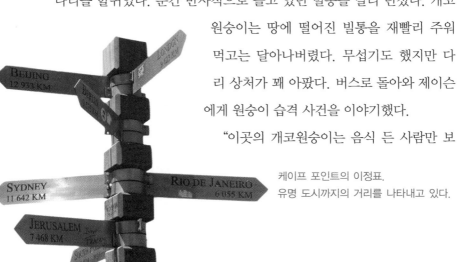

케이프 포인트의 이정표.
유명 도시까지의 거리를 나타내고 있다.

면 빼앗아 먹으려고 달려들어요. 케이프 반도 해안 마을에도 갈수록 난폭해지는 개코원숭이가 집안까지 습격해 음식을 가져가서 골칫거리예요. 그런데…… 당신 다리는 튼튼해서 괜찮을 것 같은데요. 혹시 산악자전거 탔어요?"

이후 버스에 탄 사람들은 나를 '산악자전거'라 불렀다. 정말 마음에 안 드는 별명이다.

처음 디아스가 이곳을 발견했을 때, 당시 이름은 '폭풍의 곳'이었다. 서로 다른 두 바다가 만나 바람과 파도가 무척 거셌기 때문이다. 돛 하나로 바다를 가르던 위세 좋은 범선도 맥을 못 췄다.

폭풍의 곳을 희망봉으로 둔갑시킨 주인공은 포르투갈 국왕이었다. 선원들이 겁을 먹어 항해를 꺼려 하자 신대륙을 발견하는 데 차질이 생긴 것이다. 그래서 '죽음의 바다'를 '희망의 바다'로 이름을 바꿨다. 그 후부터 이곳은 이름대로 선원들의 희망이 되었다. 개발된 신항로를 통해 동방에 갔다 고향에 돌아올 때면 각종 향신료와 보석을 가득 실고 왔기 때문이다.

대서양과 인접한 이곳은 선원들에게 고향이 가까워졌음을 알리는 희망의 이정표였을 것이다. 그러나 아프리카의 입장에서는 500여 년에 걸친 유럽의 침략이 시작된 곳으로, 희망과는 거리가 먼 '절망의 봉우리'가 아닐까 싶다.

지도를 보면 알 수 있지만 희망봉은 아프리카 대륙의 최남단이 아니

한때는 '폭풍의 곶' 이라 불렸던 희망봉.
과연 이름만큼 아프리카 희망의 상징일까?

다. 케이프 반도의 최남단일 뿐이다. 아프리카 대륙의 최남단은 희망봉에서 남동쪽으로 160킬로미터 더 내려간 아굴라스^{Agulhas} 곶이다. 평범한 곳에 지나지 않는 희망봉에 유럽인이 그럴싸한 이름을 갖다 붙인 데 지나지 않는다. 남아프리카 공화국의 필수 관광 코스이자 아프리카 대륙의 상징처럼 알려진 희망봉. 그 멋진 이름만큼 감동을 주지는 못했다.

아프리카에서 만난 남극 신사

희망봉을 출발한 버스는 자갈로 이루어진 '볼더스^{Boulders} 해변'으로 향했다. 케이프 반도의 동쪽 해안도시, 사이먼스 타운^{Simon's town} 중심부에서 10분 정도 걸어가면 나온다. 작은 해변인데도 관광객이 많은 이유는 펭귄이 살고 있기 때문이다.

이곳 펭귄은 어른 무릎 높이 정도로 작다. 울음소리가 당나귀와 비슷해 자카스^{Jackass}펭귄이라 불리고, 울음소리가 똑같은 남미 펭귄과 구분하기 위해 '케이프펭귄'으로 불리기도 한다.

산책로를 따라가니 모래밭에 앙증맞은 펭귄들이 옹기종기 모여있었다. 너무 귀여워서 인형으로 착각할 정도다. 더 가까이 가서 보고 싶지만 관광객은 정해진 산책로 아래로 내려갈 수 없다. 그걸 아는지 펭귄이 산책로 쪽으로 와서 눈싸움이라도 하듯 빤히 쳐다본다. 그러다 펭귄이 고개를 갸우뚱거리면 상대를 위협하겠다는 '경고의 메시지'다. 부리가 날카롭고 힘이 세기 때문에 손가락을 물리면 잘릴 수도 있다.

　　보통 펭귄은 남극에서 산다고 알고 있지만, 오랜 시간에 걸쳐 종에 따라 살기 편한 장소를 찾아 한류를 타고 이동했다. 여기 남부 아프리카의 연안 외에도 오스트레일리아 남부, 칠레와 페루 연안에도 펭귄이 살고 있다. 남극에서 아프리카까지 오긴 했지만 적도를 넘어 북반구까지 이동할 가능성은 없어 보인다. 펭귄은 한류에 의지해서 생활하기 때문에, 열기와 난류가 흐르는 적도 부근을 넘기는 힘들다. 만약 인간의 힘으로 펭귄을 북극으로 옮겨놓는다면? 기후와 먹이 환경이 맞기 때문에 얼마든지 잘살 수 있다는 게 전문가의 설명이다.

　　등이 검고 배가 하얀 펭귄은 종종 연미복을 입은 신사로 묘사된다. 펭귄의 신사복은 일종의 보호색이다. 하늘의 독수리에게는 어두운 바다와 비슷한 검은 등을, 반대로 상어나 고래에게는 하늘처럼 밝은 색의 배를 보여 자신을 보호하려는 것이다.

　　펭귄은 조류에 속하지만 날개가 완전히 퇴화되어 날지 못한다. 대신 물속에서 헤엄치기 알맞게 진화했다. 일반적으로 새의 뼈는 날기 좋게 뼛속이 비어있다. 그러나 물속의 먹이를 잡아야 하는 펭귄은 뼛속이 꽉 차있다. 단단한 날개는 물속에서 노와 같은 역할을 하는데, 헤엄칠 때 속도를 내거나 방향을 바꾸어도 휘지 않는다.

　　사이좋게 새끼를 돌보는 펭귄 부부가 보인다. 펭귄은 한쪽이 새끼를 보호하는 동안 다른 한쪽은 바다에 나가 사냥을 한다. 사냥에 성공하면

아프리카를 여행하며 가장 놀랐던 것은 바로 펭귄이 산다는 사실이다.
그들은 차가운 해류를 따라 이주해왔다.

자신의 위에 사냥감을 소화하지 않은 상태로 저장해 와서 새끼에게 먹인다.

　펭귄의 고향인 남극은 최대 영하 75도까지 내려간다. 젖은 몸을 5분 안에 말리지 않으면 얼어 죽고, 맨손이 10분 이상 노출되면 동상으로 손을 잘라야 한다. 물개와 마찬가지로 펭귄처럼 극지방에 사는 동물의 피부는 두꺼운 지방층으로 되어있다. 펭귄이 작은 키에 뚱뚱한 체형을 가진 것도 같은 이유다. 다이어트를 해야 하는 사람에게 지방층은 골칫거리지만 펭귄에게 지방층은 생존의 필수조건이다. 펭귄은 발바닥조차도 추위에 견딜 수 있는 혈관 구조로 발달했다. 따뜻한 동맥피는 적당히 차가워지고, 발끝에서 올라오는 차가운 정맥피는 알맞게 따뜻해지도록 동맥 주위를 정맥이 빽빽이 둘러싸고 있다. 그래서 발바닥이 얼지 않는다.

펭귄 하면 제일 먼저 뒤뚱거리는 걸음을 떠올릴 것이다. 펭귄은 몸에 비해 다리가 매우 짧기 때문에 오른발을 내밀 때는 몸통이 오른쪽으로 기울고, 왼발을 내밀 때는 왼쪽으로 기운다. 일정한 박자로 뒤뚱거리며 몸이 좌우로 진동한다. 자칫 우스워 보이지만, 특별히 힘을 들이지 않아도 되는 효율적인 걸음걸이다. 펭귄은 한쪽으로 기울면서 발생하는 에너지의 80퍼센트를 다음 걸음을 위해 이용한다. 그러나 사람은 65퍼센트를 이용한다니 펭귄이 훨씬 효율적이다.

사이먼스 타운의 펭귄들은 난파된 배에서 흘러나온 기름을 피해 이곳으로 피신해왔다. 처음에 2쌍에 지나지 않았던 펭귄들은 마을 주민들의 지극한 보살핌 덕분에 최근에는 2~3000마리에 이를 정도로 늘어났다. 최근에는 도로로 나왔다 교통사고로 숨을 거두는 펭귄들을 위해, 도로 주위에 울타리까지 쳤다. '펭귄과의 공존'을 위해 불편을 무릅쓴 것이다.

남극에서만 볼 수 있으리라 여겼던 펭귄을 뜨거운 태양이 내리쬐는 아프리카 해변에서 만났다는 사실은 영영 믿기지 않는 일로 남을 것이다. 해수욕과 모래찜질을 하는 펭귄이라니! 꼬박 하루 동안의 케이프타운 일정이 끝나고, 제이슨은 우리를 워터프론트 항구에 내려주었다.

사막에서 홍수를 만난다면!

나미비아, 아프리카 최후 독립국의 아픔

지금까지 거쳐온 나라들은 공항이나 국경에서 돈만 내면 비자를 받을
수 있었다. 하지만 나미비아는 남아프리카 공화국에 있는 나미비아 관
광청에서 사전 발급을 받아야 했다. 게다가 비자 신청서의 질문도 무척
많을 뿐더러 내용도 특이했다. 범죄 유무, 현 주소지 거주 기간, 고용인
이름, 학생이면 교장선생님 이름까지, 심지어는 가족 생일도 물었다. 또
미혼·결혼·이혼·사별은 왜 구분해야 하는 것일까? 엉터리로 답해도
확인할 방법이 없으면서…….

작성이 끝나면 직원의 검토를 받은 후, 은행에서 비자비를 입금하
고, 영수증을 다시 관광청에 제출한다. 이리저리 왔다갔다 귀찮아 죽겠
다. 체류 기간도 보통 여유롭게 주는데 이들은 딱 체류 날짜만큼이다.
그렇다고 정확하게 처리한 직원에게 짜증을 낼 수도 없는 노릇이다.

시간이 지나면서 알게 됐지만 나미비아 사람들은 섭섭할 만큼 정확하고 깔끔한 성격을 지녔다. 도시 곳곳의 정갈한 분위기에서도 느낄 수 있다. 케냐나 짐바브웨가 마구잡이로 자연을 개발하는 반면, 나미브^{Namib} 사막은 철저하게 보존되고 있었다. 시간을 끌고 웃돈을 요구하면서 비자를 내주었던 다른 나라와 달리 나미비아 사람들은 비자비를 본국으로 국제 송금하고, 그 영수증을 확인하는 치밀함을 보였다. 내가 만난 사람이 조금 유별날 수도 있겠지만 나미비아 사람들은 정확하기로 소문난 독일인의 영향을 많이 받았다고 한다.

케이프타운 공항에서 목적지인 나미비아의 수도, 빈트후크로 가는 비행기에 올랐다. 기내에서 밖을 내다보니 저 멀리 낯익은 풍경 하나가 다가온다. 추위와 공포에 떨게 했던 테이블마운틴이다. 전망대의 끝과 끝은 위에서 내려다 봐도 만만치 않은 거리다. 저곳을 두 시간 만에 횡단하려 했다니, 내가 어리석었다.

나미비아는 북쪽으로 앙골라, 동쪽으로 보츠와나와 접하며, 식민지의 역사를 보여주듯 국경선이 자로 그은 것처럼 반듯하다. 나미비아는 원주민인 나마족 말로 대평원이라는 뜻이다. 면적은 남한의 여덟 배며, 남북 간 위도차가 12도나 된다. 그러나 대부분 건조한 사막지대거나 황무지 고원이기 때문에 많은 인구가 강이 있는 북쪽에 산다. 중앙 고원을 중심으로 서쪽으로는 나미브 사막, 동쪽으로는 칼라하리^{Kalahari} 사막이 자리하고 있다.

나미비아는 해류로 만들어진 사막 지형이다.
바싹 마른 나무들이 서있는 나미브 사막의 데드 플라이.

나미비아는 '고기압대' 지역에 속한다. 태양열이 강해 구름 한 점 없이 맑고 화창한 완벽한 사막 날씨다. 적도의 더운 공기가 남북으로 이동하다가 다시 내려와 지구에 압력을 가하는 위도 30도 지점이다. 세계지도를 보면 대부분의 사막이 남·북위 30도 지점의 고기압대에 위치하고 있다.

나미비아는 국토 서쪽에 흐르는 대서양의 벵겔라Benguela 한류가 육지의 공기를 식혀서 구름의 형성을 방해하기 때문에 건조하다. 해안선과 맞닿아있는 스바코프문트Swakopmund의 모래사막도 그래서 생겼다. 남아메리카의 아타카마Atacama 사막 역시 페루Peru 해류의 영향으로 만들어진 해안 사막이다.

나미비아는 1883년부터 1915년까지 독일 식민지였는데 지금도 시내 곳곳에 독일풍이 느껴진다. 여우를 피하고 나니 호랑이가 나타난다고 했던가. 독일의 지배를 벗어나자 남아프리카 공화국이 쳐들어와, 영국 식민지인 남아프리카 공화국에 예속되었다. 무려 74년이 지난 1990년에야 아프리카 최후의 독립국이라는 기록을 남기며 외세의 지배에서 벗어났다. 나미비아와 남아프리카 공화국 화폐가 함께 통용되는 데는 그런 아픈 역사가 숨어있다.

나미비아를 찾은 이유는 붉게 빛나는 나미브 사막을 보기 위해서였다. 사막 투어는 우리나라 단체 여행팀과 함께하기로 했다. 여행사에서 특수 제작한 트럭을 준비했다. 운전석은 트럭에, 몸체는 버스에 가깝다.

본체를 높여서 그 사이의 공간에 배낭이나 텐트 등 커다란 짐을 싣도록 했다. 가이드 겸 운전수인 경력 7년의 찰스는 근육질 몸매에 검은 피부가 매력적이었다. 그는 운전하면서 사막의 환경과 위기 상황에 대해 설명했다.

"이렇게 동양인으로만 구성된 여행팀은 처음이네요. 모두들 어떤 일을 하시나요?"

나를 포함해 구성원 대부분이 한국인 여교사였다. 오랜만에 한국 사람들을 만나니 일장일단一長一短이 있다. 그동안 못했던 우리말을 실컷 하고, 깻잎 장아찌를 먹을 수 있어 좋았지만 찰스가 소외감을 느꼈는지 설명이 점점 간단해졌다. 버스를 타고 먼저 빈트후크 시내에 있는 여행사로 가서 계약서를 쓰고 비용을 지불했다. 2박 3일의 사막 투어와 스바코프문트까지 가는 3박 4일의 일정에 2천 랜드. 우리 돈으로 30만 원이 넘는 가격이다.

빈트후크는 독일어로 '바람이 많이 부는 곳'이라는 뜻이다. 남아프리카 공화국과 마찬가지로 식민지 시절 아파르트헤이트가 실시되었기 때문에 백인과 흑인 거주 지역이 나뉘어있다. 해가 지기 전에 나미브 사막의 입구인 세스리엠Sesriem 캠프까지 가야 한다며 찰스가 서둘렀다. 황무지를 달린다. 나미브 사막의 일부분인 나우클루프트Naukluft 국립공원은 빈트후크에서 약 400킬로미터 떨어져있다. 비포장도로로 대여섯 시간 달려야 한다. 하지만 돌멩이가 없어서 그런지 생각보다 불편하지 않다.

먼지를 뽀얗게 일으키며 흙길을 시속 100킬로미터로 질주하건만 지평선만 보일 뿐이다. 버스는 붉은 평원과 푸른 하늘 사이를 가로 지른다.

나미브 사막은 증발량이 강수량의 200배에 가깝기 때문에 매우 건조하다. 입술이 바짝바짝 마르고, 흐르던 땀도 금세 말라버린다. 물을 많이 마셔도 땀으로 증발되기 때문에 화장실에 갈 필요가 없다.

더위에 지쳐 한숨 늘어지게 자는데 찰스가 차를 세웠다. 저만치에서 사막 여우가 큰 귀를 쫑긋 세우고 있다. 사막 여우의 큰 귀는 더운 날씨 속에서 체온 조절을 잘하기 위해 진화한 흔적이다. 한 시간을 더 달렸을까? 처음으로 사람이 사는 마을이 나타났다.

마을 사람들과 이야기를 나누던 찰스가 비 때문에 강물이 불어나 목적지 대신 가까운 솔리테어Solitare 캠프에 텐트를 쳐야 한다고 했다. 대신 내일 아침에 한 시간 일찍 일어나란다. 사막에서 홍수라니! 나를 비롯해 다른 여행자들도 믿을 수 없다며 눈으로 확인하겠다고 했다.

찰스는 잔뜩 흥분한 우리를 더 이상 설득하지 않고 묵묵히 차를 몰았다. 40분 정도 달렸을까. 거짓말처럼 허리 높이까지 넘친 물줄기가 길을 막고 있었다. 진짜였구나! 찰스의 말을 듣는 건데, 괜한 고집을 부리는 바람에 시간만 허비했다. 날은 벌써 어두워진 후였다. 불빛 하나 없는 캠프장에서 더듬거리며 텐트를 쳤다. 텐트 무게가 엄청났다. 사막의 바람을 견디려면 이 정도는 되어야 한단다. 두 명이 쓸 텐트를 네댓 명이 힘을 합쳐 세웠다.

저녁을 먹고 세수하러 가는데 손전등이 보이지 않는다. 어둠 속에서 발끝으로 바닥을 더듬으며 세면대 쪽으로 걸어가다 심장이 멎는 줄 알았다. 찰스가 갑자기 나타났기 때문이다. 손전등을 주려고 다가왔는데 어두워서 찰스의 얼굴을 보지 못했다.

"같이 별 보러 가지 않을래요?"

캠프장 불빛이 보이지 않을 만큼 멀리 걸었다. 사막의 별빛은 밝고 선명했다. 쏟아질 듯 많은 별과 남반구의 별자리가 너무 아름다워서 마치 다른 행성에 온 듯한 착각이 들었다. 특히 육안으로도 잘 보이는 남십자자리와 마젤란은하가 장관이다. 남십자자리는 북반구의 북두칠성처럼 하늘의 길잡이 역할을 한다. 뉴질랜드, 브라질, 오스트레일리아 등 여러 남반구 나라들이 가오리연 모양의 남십자자리를 국가 상징으로 많이 사용했다.

마젤란은하는 한때 가스와 먼지로 이루어진 성운이라고 알려졌다. 하지만 지금은 별들의 집합체인 은하임이 밝혀졌다. 마젤란은하는 포르투갈의 항해사 마젤란(Ferdinand Magellan, 1480~1521)이 남반구 바다를 항해하다 발견해 그의 이름이 붙었다. 흔히 마젤란을 최초의 세계 일주 항해사로 아는데, 그는 결코 세계 일주 계획을 세운 적도 없으며 성공하지도 못했다.

야심한 밤에 둘이서 낭만적인 별 구경을 하니 찰스에게 내가 알퐁스 도데의 소설 〈별〉에 등장하는 스테파니 아가씨로 보였나 보다. 자신을 내 눈으로 직접 보지 않았다면 아프리카에도 홍수가 난다는 사실을 믿지 못했을 것이다.

사막별에서 만난 친구들

목동이라 착각한 찰스가 어깨 위에 살그머니 손을 올렸다. 아까 면허증을 보니 나보다 열 살이나 어리던데 이모뻘에게 무슨 수작이지? 내일 아침 밝은 햇살에 다시 본다면 생각이 달라질 텐데⋯⋯.

다음 날 차가운 새벽 공기가 잠을 깨웠다. 너무 추워서 세수도 생략했다. 사막의 일교차는 무척 심해서 암석도 견디지 못하고 모래로 부스러질 정도다.

죽기 전에 다시 가고 싶은 곳, 데드 플라이

캠프장을 출발해 한 시간 후, 세스리엠 캠프장에 도착했다. 어제 우리를 가로막았던 물줄기는 다행히 발목 깊이 정도로 줄어들었다. 세스리엠 캠프장은 소수스 플라이Sossus vlei, 데드 플라이Dead vlei, 듄Dune45 등지로 가는 관문이다. 듄45는 세스리엠으로부터 45킬로미터 떨어져 붙은 이름이다. 세스리엠 캠프장은 사막 한가운데 만들어졌지만 깨끗한 공동 샤워실과 매점, 조그만 술집도 있었다. 그러나 밤에는 종종 자칼Jackal이나 전갈이 다니기 때문에 조심해야 한다.

캠프장에 남은 요리사에게 텐트와 배낭을 맡기고 출발했다. 한 시간 반을 달려 버스에서 80랜드나 하는 비싼 소형 트럭으로 바꿔 탔다. 사륜구동의 소형 트럭이 아니면 모래에 빠져 헤어나기 힘들기 때문이다. 이곳에서 데드 플라이까지는 걸어서 두 시간이다. 시계는 이미 11시를 가

'죽음의 웅덩이' 라는 섬뜩한 이름과 달리 너무나 아름다운 데드 플라이.
죽기 전에 다시 한 번 꼭 가보고 싶은 곳이다.

리킨다. 정오를 넘어서면 엄청난 햇살이 쏟아지지만 이번 여행의 목표지인 데드 플라이로 향하는 발걸음은 날듯이 가벼웠다. 얼굴에 선크림을 잔뜩 바르고 사막 도보여행을 시작했다.

붉은 모래언덕은 원색에 가까운 하늘 때문에 더욱 선명해 보였다. 아무 곳이나 찍기만 해도 작품 사진이 될 법했다. 바람 따라 모래언덕이 절묘하게 몸을 뒤집는다. 그때마다 모래언덕은 노란색에서 붉은색으로, 다시 흰색으로 또는 갈색으로 햇빛에 반사되었다. 메마르고 척박한 사막일 뿐인데 푸른 하늘과 햇빛이 만들어내는 장관 앞에 탄성이 절로 나왔다.

사막은 건식 사우나와 같다. 내리쬐는 태양과 달궈진 모래는 건조한 열풍을 뿜어댄다. 발걸음을 옮길 때마다 뜨거운 바람과 모래가 뺨을 스친다. 물도 다 떨어지고 더 이상 발걸음을 떼기 힘들었지만 무엇에 홀린 듯 붉은 모래언덕을 걸어갔다.

갑자기 눈이 부셨다. 붉은 모래언덕으로 둘러싸인 메마른 분지가 하얗게 반짝였다. 오아시스라도 찾은 듯 뛰어갔다. 죽음의 웅덩이, 데드 플라이였다. 물이 증발한 호수의 흔적, 주위의 앙상한 고목은 만지면 부스러질 듯한 숯이 되었다. 그래서인지 데드 플라이가 더욱 밝게 빛난다. 한때 물이 고였던 호수는 균열을 보이며 바닥을 드러내고 있었다.

인류가 멸망한 지구에 혼자 서있는 느낌이다. '자연이 만든 위

언젠가는 모래언덕으로 덮일지도 모를 소수스 플라이.
간신히 흐르는 물줄기를 보면 내가 다 목이 말랐다.

대한 설치 작품', '죽기 전에 꼭 가봐야 할 곳', '사진작가들이 가장 보고 싶어하는 곳'이라는 수식어가 결코 아깝지 않다. 나 또한 죽기 전에 꼭 다시 가보고 싶은 곳으로 데드 플라이를 꼽을 것이다. 지금까지 내가 보았던 어느 풍경보다 멋지다. 지금도 눈을 감으면 붉은 모래언덕으로 둘러싸인 눈부신 데드 플라이가 어른거리고 가슴이 뛴다. 일행들이 바로 옆의 빅대디Big Daddy를 구경하는 동안에도 나는 혼자 죽음의 웅덩이에 사로잡혀 있었다.

또 다른 모래언덕을 돌아서자 소수스 플라이가 나타났다. 흙탕물을 뒤집어쓴 나무들이 죽은 듯 쓰러져있다. 산San족이 두통을 치료하기 위해 먹는다는 낙타가시나무다. 오래전 대서양을 향해 흐르던 차우샤프 Tsauchab강은 높은 모래언덕에 막혀 바다로 흐르지 못하고 웅덩이가 되었다. 지금은 어쩌다 비가 내리면 잠시 웅덩이가 되었다가 다시 말라붙는다고 한다. 플라이vlei는 아프리칸스어로 물웅덩이라는 뜻이다. 그나마 소수스 플라이는 어쩌다 한 번씩 범람하지만 높은 모래언덕에 둘러싸인 데드 플라이는 한 번도 범람한 적이 없다고 찰스가 설명했다.

"플라이는 모래 늪처럼 한번 들어오면 나갈 수 없어요. 예전에 다이아몬드를 찾아 이곳까지 들어온 이방인들이 모두 죽었다는 전설이 있답니다. 여기에는 불손한 마음으로 들어온 사람은 절대 빠져나갈 수 없다는 교훈이 담겨있죠."

전설을 전부 믿기는 힘들었지만 바다로 흐르던 강물도 단숨에 빨아들였으니 꼭 못 믿을 이야기도 아니다.

데드 플라이를 넘자 광활한 사막이 펼쳐졌다. 대서양 해안까지 이어지는 사막은 나미브 사막이 모든 물을 빨아들인 결과다. 소수스 플라이도 언젠가는 모래언덕으로 덮여 강물의 흔적조차 찾아볼 수 없는 사막이 될지도 모른다. 제아무리 천하제일의 장관이라도 한낮의 사막 열기를 이기기는 힘들었다. 더 버티다가는 쓰러질 것 같다. 열기가 아지랑이처럼 일렁거려 딴 세상을 걷는 듯하다.

캠프장으로 돌아와 잠시 쉬었다가 일몰이 가장 아름답다는 엘림듄 Elim Dune에 가기로 했다. 시원하게 샤워를 하고 2리터짜리 물 한 통을 다

마셨더니 그제서야 살 것 같다. 힘들었는지 일행의 절반은 캠프장에서 쉬겠다고 했다.

버스가 또 다시 모래언덕에 도착했을 때 태양은 한참 기울어있었다. 해가 뜨기 직전과 직후, 사막의 생명체가 하루 중 가장 바삐 활동하는 시간이다. 멀리서 오릭스^{Oryx}와 스프링영양, 타조 떼가 보였다. 배낭에 넣어온 남아프리카 공화국산 와인을 챙겨 들고 모래언덕을 올랐다. 붉은 노을로 사막을 물들이던 태양이 금세 지고 말았다.

"찰스, 왜 이곳의 모래는 빨갛죠?"

찰스는 기다렸다는 듯이 주머니에서 자석을 꺼내 보였다. 거짓말같이 자석에 철가루가 붙어있었다.

"모래가 철 성분을 가지고 있기 때문이에요. 해안의 모래가 바람에 실려 오면서 산화되어 붉은 색을 띠게 되죠. 마치 그러데이션^{gradation}처럼 색깔이 바뀌는 모습을 볼 수 있어요."

바람은 모래언덕을 매끈하게 다려놓기도 하고, 물결무늬를 수놓기도 했다. 그 위로 오릭스와 도마뱀, 작은 곤충의 발자국이 보인다. 열심히 모래 굴을 파는 딱정벌레도 보인다. 이 딱정벌레의 사는 법이 기막히다. 대서양에서 나미브 사막으로 불어오는 바람은 차가운 벵겔라 해류를 만나 비로 내리지 못하고, 축축한 안개가 되어 사막을 덮는다. 그나마도 금세 사라진다. 그래서 딱정벌레는 해가 뜨기 전에 모래 밖으로 나온다. 자신의 차가운 등에 닿은 안개가 물방울이 되어 등을 타고 내려오

기 때문이다. 극심한 일교차와 안개를 이용하는 딱정벌레는 사막에서도 목이 마르지 않다.

영양의 일종인 오릭스의 생존 방식은 더 치열하다. 체온 상승으로 뜨거워진 피가 뇌에 들어가면 위험하기 때문에 냉각기 역할을 하는 큰 뿔에서 피를 식힌 후 뇌에 공급한다. 또한 코에 있는 냉각 시스템은 낮에는 체온을 올리고, 밤에는 낮춰서 항상 기온보다 약간 높은 체온을 유지할 수 있게 한다. 땀이 나지 않으면 수분의 증발을 막을 수 있기 때문이다. 그래서 오릭스는 물을 마시지 않고 밤이슬과 식물의 수분만으로 살 수 있다.

사막의 식물 또한 놀라운 적응력을 가지고 있다. 물을 끌어 모으기 위해 뿌리를 최대한 수평으로 넓게 뻗는다. 심지어 키는 1미터인데 뿌리만 10미터인 것도 있다.

뱀도 만만치 않다. 보통 뱀은 몸을 파도 모양으로

나미브 사막의 딱정벌레.
차가운 등에 닿은 안개 물방울을 이용해서,
사막에서도 먹을 물을 만들어낸다.

움직이며 이동한다. 그러나 사막의 뱀은 몸을 비스듬히 누인 채로 미끄러지듯 움직여서 뜨거운 모래 위를 신속하게 이동한다. 지느러미다리도마뱀은 이름처럼 발가락이 물갈퀴처럼 넓적하게 퍼져있다. 이들은 안개를 모은 후 긴 혀를 자동차의 와이퍼처럼 사용해 핥아 먹는다.

나미브 사막은 사하라 사막보다 훨씬 오래전에 생겼지만 비교적 기후가 안정되어, 전 세계 사막 중에서 가장 다채로운 생태계를 만들었다. 연 강수량 50밀리미터에 표면 온도가 70도까지 오르내리는 사막 환경을 강인한 생물들이 안개를 흡수하며 적응해온 것이다. 자연의 신비는 끝이 없다.

황금 열쇠를 찾아라!

그 다음 날, 세계에서 가장 높다는 듄45에서 일출을 보기 위해 새벽 5시에 캠프장을 나섰다. 새벽 공기가 너무 차가워 침낭으로 온몸을 둘둘 싸고 버스를 탔다. 30분을 달려서 듄45에 도착했다. 높이가 150미터라는데 별로 높아 보이지 않아 이 정도면 몇 분 안에 올라갈 수 있을 듯했다. 자신감이 생겨 선두에서 모래언덕을 오르기 시작했다. 가벼운 마음과는 달리 발은 모래 속에 푹푹 빠지고, 누군가가 잡아당기는 것처럼 속도가 나지 않았다. 두 걸음 오르면 한 걸음 후퇴하는 식이다. 어느새 일행의 꽁무니 쪽으로 밀려났다.

나는 찰스에게 손을 내밀어 도움을 청했다. 다행히 찰스는 여전히 친절하다. 사막의 사나이답게 사뿐사뿐 모래언덕을 잘 올랐다. 자세히 보니, 내 발은 푹푹 빠지는 반면 찰스 발은 절반밖에 안 빠졌다. 발의 면적을 최대한 넓혀서 압력을 최소로 줄였기 때문이다. 나도 따라하자 한결 수월해졌다.

드디어 정상에 도착했다. 우리는 금방이라도 굴러 떨어질 듯한 능선에 줄지어 앉아 일출을 기다렸다. 점점 여명이 밝아오며 모래언덕의 실루엣이 희미하게 드러났다. 해가 떠오를수록 더 아득해 보이는 사막. 아침 햇살에 모래 물결의 음영이 더욱 뚜렷해 보였다.

신발을 벗고 맨발로 서자 고운 모래가 발가락 사이를 파고든다. 다른 사람들은 장난치고 미끄럼을 타느라 정신이 없다. 나는 가파른 비탈을 내리 달렸다. 경사가 꽤 심해서 웬만한 언덕이라면 굴러 떨어졌을 테지만, 모래언덕은 빨리 달릴수록 압력이 커져 더 깊이 발이 빠졌다. 언덕을 내려와서 듄45를 돌아봤다. 너무 열심히 뛰어내려 모래언덕이 무너지지 않았을까 걱정했는데 이미 발자국도 바람에 지워지고 없다. 하늘 높이 솟아오른 태양이 모래를 뜨겁게 달구기 시작했다.

세계에서 가장 높은 모래언덕을 오르고 뛰어다녔더니 배도 고프고 기운도 빠졌다. 캠프장으로 돌아가서 아침 식사를 하고 스바코프문트로 이동하기로 했다. 그러나 언제 불어났는지 새벽에 건넜던 개울은 강이 되어있다. 어제 내린 비 때문이었다. 불과 몇 시간 만에 이렇게 되다니!

수심도 문제지만 물살이 세서 더 이상 차가 나아갈 수 없었다. 맞은편에서 오던 유럽인들도 당황하기는 마찬가지였다. 사막의 입구가 막힌 셈이니 말이다.

버스에서 모두 내렸지만 할 수 있는 일이 없다. 일출을 보고 돌아오는 다른 팀 운전수와 이야기하던 찰스가 다른 길로 돌아가자고 했다. 지난번에 괜히 고집을 부렸다 고생했던 기억 때문에 모두 조용히 그의 결정을 따랐다.

30분쯤 후에 도착한 그곳도 상황은 마찬가지였다. 동네 아이들은 갑자기 생긴 수영장에서 물장구를 치고 있었다. 다른 팀 운전수가 이리저리 전화 통화를 하더니 어느 독일인의 사유지를 통하면 지나갈 수 있다고 했다. 시간은 어느새 오전 10시를 넘어가고 있었다. 당황하는 찰스를 보니 배고프다는 말도 못하겠다.

다시 한참 달리자 철조망 울타리가 나타났다. 사유지라는 표시였다. 이런 메마른 사막에도 주인이 있다니 놀라울 따름이다. 그런데 철조망 울타리에 쇠사슬과 커다란 자물통이 채워져있다. 팻말에 적힌 번호로 전화를 걸었더니, 경비원은 땅주인에게 먼저 허락을 받아야 한단다. 다행히 땅주인이 허락했지만, 경비원은 초소에서 이제 출발한다고 했다. 아프리카 여행이 힘든 이유는 문제가 생겼을 때 단번에 해결되는 경우가 드물기 때문이다. 이번에도 역시 그랬다. 아침도 못 먹고 새벽에 나오느라 세수도 못한 꾀죄죄한 얼굴로 멍하니 서있었다. 삼십 명의 사람들이 한 시간 후에 도착한다는 경비원을 하염없이 기다렸다.

사막의 열기는 점점 더해가고, 더위에 지친 사람들이 버스 안에서 늘어졌다. 캠프장에서 아침 식사를 할 계획이었기 때문에 물도 가져오지 않아 더 빨리 지쳤다. 혼자서 두리번두리번 철조망 주위를 서성거리는데, 유난히 동그란 돌이 눈에 띄었다. 크기도 하지만 일부러 그 자리에 놓인 듯 주위가 패여있다. 무심히 돌을 들어올렸더니 거짓말같이 열쇠가 하나 놓여있었다. 경비원의 열쇠 보관소였던 것이다. 황금 열쇠라도 찾아낸 것처럼 기뻤다. 모두들 환호성을 지르며 감옥에 갇혀있다 풀려난 독립투사처럼 서로 부둥켜안았다. 나는 졸지에 국제적인 스타가 되었다.

철조망 울타리를 열고 버스 세 대가 모두 통과한 다음, 열쇠는 다시 제자리에 두었다. 한참을 달렸더니 새로운 물줄기가 나타났다. 바퀴가 반쯤 잠긴 채로 강물을 조심스럽게 건넜다. 캠프장으로 돌아온 시간은 12시 30분, 음식은 다 식어있었지만 우리 모두 한마디 불평없이 깨끗이 그릇을 비웠다. 같이 텐트를 쓴 언니가 그동안 배낭에 숨겨두었다며 꺼낸 깻잎 장아찌도 그렇게 맛있을 수 없었다.

2박 3일의 나미브 사막 투어가 끝나고, 나미비아 제2의 도시인 스바코프문트로 출발했다.

사막의 폭주족, 모래바람을 일으키다

사막에서 가장 똑똑한 존재는?

대서양 연안의 도시, 스바코프문트는 세스리엠 캠프장에서 대여섯 시간 걸린다. 수도인 빈트후크에서 서쪽으로 280킬로미터, 월비스베이^{Walvis Bay}에서 북쪽으로 32킬로미터 떨어져있다. 스바코프문트는 얼마 전 헐리우드의 영화배우 안젤리나 졸리와 브래드 피트가 원정 출산 온 곳으로 유명해졌다. 그들이 묵었던 호텔이 지금은 관광명소가 되었다고 한다.

한참을 달리다 커다란 나무 앞에 섰다. 나무는 둥지로 이루어진 아파트 같았다. 집주인은 위버^{Weaver}새였다. 위버새는 뱀을 피하기 위해 높은 나무 위에 단체로 둥지를 짓고 산다. 내가 본 나무는 100~200쌍이 함께 살 수 있는 크기였다. 아파트 중에는 높이 3미터, 폭이 5미터에 달하는 거대한 나무도 있었다.

위버새는 제일 먼저 지붕을 만들고 그 밑에 각 쌍이 플라스크 모양의 둥지를 만들어 공동주택을 완성한다. 기다란 관처럼 만든 입구는 뱀이나 다른 육식동물의 침입을 막는다.

암컷은 신선한 초록색 둥지를 가진 수컷과만 교미한다. 수컷은 둥지가 갈색으로 변하기 전에 빨리 완성해야 한다. 완성한 집도 암컷이 마음에 들어 하지 않으면 부수고 다시 만들기를 반복한다. 평생 암컷 마음에 드는 둥지를 만드느라 아등바등하는 모습이 문득 내 집 마련을 위해 평생을 바치는 우리네와 같다는 생각이 들었다.

또다시 사막을 달렸다. 주위를 둘러보면 황무지뿐인데 전신주는 끝없이 이어져있다. 비포장도로를 몇 시간 달렸더니 먼지 때문에 '번개머리'가 되었다. 다듬으려고 만졌더니 손가락에 더 엉키기만 했다.

이번에는 뜨거운 자갈로 가득한 사막이 계속되었다. 우리는 모래로 된 사막만 떠올리는데 황무지나 자갈밭도 사막에 속한다. 사막이란 지형이 아니라 연 강수량이 250밀리미터 이하인 지역을 뜻한다. 캠프장을 출발해 세 시간쯤 달렸다. 아니, 세 시간 동안 사우나를 했다. 새벽부터 모래 언덕을 오르고 강물을 건너며 험난한 여정을 거쳐서인지 온몸이 축 늘어져 입 벌리고 침까지 흘리며 잤다.

찰스가 '트로픽 오브 캐프리콘Tropic of Capricorn'이라 쓰인 표지판 앞에 버스를 세우고 나를 깨웠다. 뭐라고 설명하는데 잠이 덜 깨서 정신이 없다. 급기야 찰스가 주섬주섬 지구본 모양의 튜브를 꺼내더니 손가락으로 한 곳을 가리켰다. 지구과학 시간에 배우는 남회귀선이다. 남위 23도

암컷의 마음에 드는 집을 짓기 위해 수컷 위버새는 집 짓고 부수기를 수없이 한다.

27분. 지구는 약간 기울어져있기 때문에 실제로 이곳에 태양이 가장 뜨겁게 내리쬔다.

　우리나라가 동지일 때 이곳은 여름이 되고 태양은 남반구에서 가장 높은 위도까지 올라간다. 그 위도를 이은 선이 남회귀선이다. 남회귀선은 오스트레일리아의 중앙부와 칼라하리 사막, 브라질의 상파울루Sao Paulo를 연결한다. 나미비아 역시 국토의 중앙부로 남회귀선이 지나간다. 남회귀선은 열대기후와 온대기후를 구분하는 기준이기 때문에 지리적으로, 과학적으로 매우 중요하다. 하지만 주위에는 아무것도 없다. 황무지만 있을 뿐이다.

　보조석으로 자리를 바꿔 앉으니 지평선과 일직선으로 뻗은 도로가 시야를 가득 채운다. 같은 화면을 계속 돌려보는 것 같다. 가끔씩 나타나

태양이 가장 뜨겁게 내리쬐는 남회귀선에 도착했다.
찰스는 지구본을 이용해 남회귀선을 자세히 설명해주었다.

사 막 별 에 서 만 난 친 구 들

는 사막여우와 스프링영양, 타조를 사진에 담고 싶지만 경계를 늦추지 않는 녀석들이 좀처럼 거리를 좁혀주지 않는다. 지상에서 가장 큰 새인 타조는 불행히도 날지 못한다. 과학자들은 타조가 천적이 없는 곳에 살다가 날개가 퇴화했다고 추측한다. 다시 날고 싶어도 이제는 몸이 무거워 날 수 없다. 대신 굵은 다리로 달리기를 잘하게 되었다. 타조는 시속 70킬로미터, 얼룩말과 비슷한 속도로 달린다.

타조는 뒤에서 나는 소리도 잘 들을 수 있도록 귀가 뒤통수 쪽에 있으며, 시력이 좋아서 멀리 있는 적을 보고 재빠르게 피할 수 있다. 큰 덩치에 비해서는 겁이 많고 예민하다. 그러나 먹는 것만큼은 마구잡이다. 풀이나 과일, 곤충을 먹고 사는데 반짝이는 것을 좋아해서 가끔은 시계나 병뚜껑 따위를 먹기도 한다. 그러나 날카로운 모서리가 없는 한, 타조에게 거의 해가 되지 않는다. 왜냐하면 타조는 사막에서 불필요한 수분 손실을 막기 위해 매우 건조한 변을 배설하는데 이때 윤활제를 분비하기 때문이다. 만약 당신의 손목시계를 타조가 먹어버렸다면? 다음 날까지 기다리면 된다.

새들은 대장이 없기 때문에 주로 공중에서 대소변을 함께 눈다. 그러나 타조는 대소변을 따로 배설하는 몇 안 되는 새 중에 하나다. 땅위에 살면서 대장이 발달했기 때문이다.

황무지가 끝나고 산길이 시작되었다. 바위가 비스듬히 누운 습곡이다. 소수의 산족은 아직도 이 근처에서 전통적인 삶을 이어가고 있다.

조용히 살던 산족은 영화 〈부시맨〉(1980) 덕에 전 세계적으로 '웃기는 사람'의 대명사가 되었다. 원래 유목민이었던 산족은 부족한 물을 찾아 수십 명씩 흩어져 사냥이나 열매 채집을 하며 살았다. 서양인들은 사막 덤불에서 잠을 자는 산족을 보고 다소 비하하는 듯한, '덤불[bush]에 사는 사람[man]'이라는 뜻의 '부시맨'이라는 이름을 붙였다. 알려지지 않았지만 영화 원제는 '신은 미친 게 틀림없어[The Gods must be crazy]'다.

그러나 이들이 물을 구하는 방법은 꽤 과학적이다. 우선 야생원숭이를 잡아 소금을 먹인다. 삼투압 현상 때문에 다음 날이면 원숭이는 거의 탈수 상태에 이른다. 그때 줄을 묶어둔 원숭이를 풀어주고 따라가기만 하면 쉽게 물줄기를 찾을 수 있다. 때로는 식물의 뿌리로 수분을 보충하기도 한다. 물 구하는 방법도 익힌 데다 온화하고 싸움을 싫어하는 산족에게 경쟁해야 할 부족이 없는 사막은 그야말로 제격이다.

차창 밖, 아주 멀리 먹구름이 펼쳐졌다. 창문을 한두 방울 때리더니 이내 주룩주룩 비다운 비가 내린다. 사막에서 비를 만난 것만으로 몹시 흥분되었다. 그러나 찰스는 요즘 들어 이상하게 비가 자주 온다며 걱정했다. 비는 이십 분 정도 내렸지만 전혀 흔적이 남지 않았다. 후텁지근하고 습한 열기만 느껴질 뿐이다. 과연 사막에 생물이 살 수 있을까 싶지만, 어쩌다 오늘처럼 내리는 비로 꽃을 피우고 다음 세대를 이어가고 있다니 놀라울 따름이다.

안락한 휴양 도시, 스바코프문트

항구도시 월비스베이에서 잠시 쉬기로 했다. 바다가 가까워지자 날씨가 금세 흐려졌다. 월비스베이는 나미비아 수출입의 90퍼센트 이상이 이루어지는 항구다. 어류와 다이아몬드 등이 주 수출품이다. 특히 이곳 생선은 뱅겔라 한류 덕분에 맛이 좋고 크기도 커서 인기가 좋다. 월비스베이는 나미비아에서 두 번째로 큰 도시지만 인구는 10만 명 정도다. 전체 인구가 170만 명인 것을 감안하면 많은 수지만, 서울 인구의 100분의 1도 안 된다. 국토 전체로 비교해보자면 우리나라가 1제곱킬로미터 안에 약 500명이 사는데 반해 나미비아에는 2명이 사는 셈이다.

해변에는 놀라운 평형감각을 가진 플라밍고Flamingo들이 한 발로 서서 휴식을 취하고 있었다. 다른 한 발은 털 속에 묻어두고 차가운 바닷물로 인한 체온 손실을 줄인다.

저녁 6시, 드디어 스바코프문트에 도착했다. 시에서 운영하는 래스트 캠프의 방갈로를 숙소로 잡았다. 조그만 방갈로에는 방 두 개와 작은 부엌이 있는데 네 명이 생활할 수 있는 규모다. 3일 만에 텐트를 벗어나 집다운 집에서 자게 되었다. 오랜만에 따뜻한 물로 샤워를 하고 시내 구경에 나섰다.

잘 정리된 거리에 이삼 층 건물들이 가지런하다. 동네는 작은 편인데 대형 슈퍼마켓이 여러 개다. 사람들이 노란색과 흰색을 좋아하는지 건물 색이 비슷비슷하다. 단층으로 지은 가정집은 저마다 화려한 꽃으

사 막 별 에 서 만 난 친 구 들

로 단장했다. 이곳에 집을 가진 사람들은 대부분 무역업에 종사하는 남아프리카 공화국이나 독일에서 온 백인들이라고 한다.

스바코프문트는 여행 책자에 특징으로 소개될 정도로 늦은 시간에는 사람이 다니지 않는다. 설마했는데 정말 한 명도 없다. 마치 유령 도시 같다. 밤이 되면 좀비Zombie가 거리를 활보하는 게 아닐까?

'케이프 투 카이로Cape to Cairo' 라는 식당에 가서, 스프링영양 스테이크와 와인을 곁들인 환상적인 저녁을 먹었다. 제대로 된 식당에서 먹는 밥이라니, 얼마만인지 모르겠다. 저쪽 자리에서 우리나라 말이 들렸다. 북한 사람이었다. 예전에 중국에서 본 북한 사람과 달리 표정도 복장도 매우 자유로워 보였다.

"남조선에서 왔습니까?"

"아, 예."

"남조선에서는 여자 혼자 여행 다녀도 괜찮습니까?"

"아, 예."

"저는 사업차 이곳에 왔습네다. 북조선은 나미비아 건설에 중심적인 역할을 하고 있습네다."

그는 북한의 건설 기술 발전에 대해 오랫동안 지루하게 설명했다. 현재 북한은 남아프리카 공화국, 나미비아, 짐바브웨, 보츠와나 등지를 중심으로 아프리카의 각종 건설 프로젝트에 참여하고 있다고 한다. 얼마 전부터는 특히 나미비아에 적극 진출해 대통령 관저와 애국지사 묘

사람 한 명 보이지 않는 고요한 스바코프문트. 마치 테마파크라도 온 기분이다.

지 등을 건설했다고 자랑했다. 지금은 개인이 발주하는 소형 공사를 따내기 위해 왔다고 했다. 일방적으로 대화를 이끌어가는 그의 이야기에 나는 조용히 고개만 끄덕였다.

사막의 폭주족이 되다

다음 날 아침, 미리 예약했던 여행사를 찾았다. 그러나 시내에 할인을 많이 해주는 여행사가 여러 군데라서 고민할 것 없이 조건이 좋은 곳으로 옮겼다. 그래도 쿼드바이킹Quad Biking이 350랜드(56,000원), 샌드보딩Sand Boarding이 200랜드(32,000원), 스카이다이빙이 1,500랜드(240,000원)나 했다. 직원이 스카이다이빙 녹화 화면까지 보여주며 꼬드겼으나 오래전 오스트레일리아에서 눈물 콧물 다 흘렸던 아픈 추억이 떠올라 단호하게 거절했다.

샌드보딩은 보드판을 타고 모래언덕을 내려오는 스포츠인데, 가이드 말로는 보통 시속 60킬로미터 속력으로 내려온다고 한다. 온몸으로 바람을 느끼기 때문에 쿼드바이킹보다 훨씬 스릴 있지만 모래언덕까지 걸어 올라가야 하는 단점이 있다. 그래서 샌드보딩은 시간 제한이 없지만 쿼드바이킹은 두 시간만 주어진다. 결국 사륜 오토바이, '사발이 오토바이' 라고도 불리는 쿼드바이크('ATV'라고도 불리는데, 'All Terrain Vehicle'의 약자임)를 타기로 했다.

바이크 코치인 아뻬가 작동법과 안전수칙을 알려주었다. 쿼드바이크의 왼쪽 손잡이는 브레이크, 오른쪽 손잡이는 액셀러레이터다. 바이크를 선택하고, 초급자와 상급자로 팀을 나누었다. 실력은 초급자지만 두 팀 경로가 다르다는 이야기를 듣자 욕심이 났다. 슬그머니 상급자 팀에 줄을 섰다. 바이크의 엑셀을 살살 밟았다. 아니 눌렀다. 엄지손가락으로 레버를 돌리면 가속이 붙는다. 쿼드바이크는 두껍고 넓은 타이어 덕분에 모래 위에서도 잘 달린다. 집중해서 모래바닥의 감각을 느끼며 달리기 시작했다. 모두 바이크 코치의 꽁무니를 줄지어 쫓아가느라 정신이 없다.

첫 번째 모래언덕이 나타났다. 미리 가속을 붙인 상태에서, '오르막에서는 몸을 최대한 앞으로' 라는 코치의 말을 되새기며 언덕을 향해 출발했다. 넘어질까 봐 걱정했지만 무게중심만 잘 잡으면 된다. 경사진 곳과 몸을 반대 방향으로 트는게 중요하다. 언덕 오르기 성공! 몇 개의 모래언덕을 더 넘고 나자 '이쯤이야!' 하는 건방진 생각이 들었다. 더욱이 산길과 달리 모래바닥은 굴러도 다칠 일이 없지 않은가. 내리막에서 몸을 앞으로 숙이면 내려가는 속도가 더 빨라졌다. 속력이 빨라질수록 몸이 붕 뜨는 스릴이 느껴졌다.

경사가 심한 언덕은 미리 가속을 붙여 중간에 멈추지 않고 한 번에 올라가야 한다. 한번 멈추게 되면 다시 동력을 가해도 바퀴가 헛돌기 때문이다. 경사가 너무 심하면 브레이크를 밟고 있어도 바퀴가 미끄러지면서 뒤로 밀렸다.

바이크를 타고 스바코프문트 남쪽 사막을 30킬로미터 이동했다. 끝없는 모래언덕이 이어졌다. '문득 사막의 모래를 건축 자재로 활용하면 어떨까' 하는 생각이 들었다. 일반적으로는 강이나 바다에서 채취한 모래를 쓰는데 바다에서 채취한 모래는 염분을 세척해야 한다. 과정도 번거롭지만 생태계도 파괴한다. 사막의 모래를 건축 자재로 활용하면 사막화 현상도 막을 수 있고 이것이야말로 일거양득一擧兩得이 아닐까.

그럴듯 하지만 조금만 더 생각해보면 불가능하다는 것을 알 수 있다. 보통 콘크리트를 만드는 데 사용하는 모래는 입자가 0.08밀리미터 정도의 굵은 모래다. 흩날릴 정도로 입자가 작은 사막의 모래로 콘크리트를 만들면 찰흙을 빚은 것처럼 쉽게 갈라지고 부서진다.

　바람을 가르며 모양과 색이 저마다 다른 모래언덕을 신나게 달렸다. 연속으로 넘기에 도전했다. 원래 겁이 많은 편이지만 쿼드바이크의 엑셀과 브레이크 감을 조금 익히자 자신감이 생겼다. 덩치가 크고 안정감이 있는 쿼드바이크가 왠지 보호해주리라는 느낌이 들었다. 엑셀을 놓으면 기어가 강해서 속도가 바로 줄기 때문에 웬만하면 미끄러지지 않을 것 같았다.

　너무 욕심을 부렸을까. 좀 더 속도를 내고 높은 언덕을 연달아 넘다가 그만 균형을 잃고 넘어졌다. 순간 붕 날았다가 뒤집어진 개구리처럼 꼼짝없이 바이크에 깔려버린 나. 가이드는 이렇게 과격하게 모는 여자는 처음 봤단다. 어딘가 부러질 수도 있었는데 다행히 다리에 약간의 멍과 긁힌 자국뿐이다. 희망봉에서 원숭이에게 할퀴고, 사막에서 오토바이에 깔리고, '다리 수난시대'다.

넘어져도 모래밭에 뒹굴기 때문에 크게 다칠 염려가 없는 쿼드바이킹!
잠시나마 나는 사막의 폭주족이 되었다.

처음 본 나에게 집에 가서 바다가재를 함께 먹자고 한 아저씨. 낯선 여행지만 아니라면 친절을 받아들였을 테지만, 여행에서는 조심해야 하는 일이다.

　　방갈로 숙소로 돌아오자 찰스가 상처에 대해 물었다.

　　"17대 1로 싸운 상처야. 내가 이 정도면 상대편은 어느 정도인지 알겠지?"

　　나미비아의 마지막 날, 아니 아프리카 여행의 마지막 날이 왔다. 아침 일찍 일어나 대서양 해변을 걸었다. 새벽 다이빙을 마친 아저씨와 우연히 마주쳤는데 갓 잡은 바다가재를 보여줬다. 낡은 잠수복과 그물망이 우리나라 머구리

(잠수부를 가리키는 옛말)와 별반 다르지 않다. 내가 다이빙에 대해 이것저것 물었더니 자기네 집에 가서 같이 먹자고 한다. 바다가재가 맛있어 보이긴 했지만 아무래도 낯선 여행지라 그런지 경계심이 들었다.

　　공손하게 거절하고 돌아서는데 그저께 식당에서 만난 북한 남자를 다시 마주쳤다. 일행에서 벗어나서인지 이번에는 자기 자랑을 늘어놓았다. 취미는 바이올린이며, 능력을 인정받아 나미비아뿐만 아니라 세계 이곳저곳을 다닌다고 했다. 얼핏 봐도 40대 후반으로 보이는데 30대 총각이라고 해서 깜짝 놀랐다. 나는 아프리카 사진을 보내주겠다며 이메

일 주소를 달라고 했다. 남자는 사무실 인터넷 상황이 좋지 않아 이메일 주소가 없다는 핑계를 대고 자리를 피했다.

여행이 끝나면서 가이드 찰스와도 헤어져야 했다. 찰스는 끼고 있던 구리 팔찌를 선물했고, 나는 여행용 컵과 남은 커피믹스를 선물했다. 우리나라 커피믹스의 진한 맛은 세계 어디서나 인기가 좋다. 찰스는 이메일 주소를 써주며 꼭 편지를 보내라고 했다. 여행이 끝난 지금도 가끔씩 연락을 주고받지만 찰스는 아직도 내 나이를 모른다.

한국으로 돌아오는 직항이 없어서 여러 도시를 거쳐야 했다. 우선 국제공항이 있는 월비스베이로 가서, 남아프리카 공화국의 요하네스버그로, 또다시 홍콩까지의 긴 비행을 하고 인천공항에 도착했다. 요하네스버그에서 1월 30일 오후 6시에 출발한 비행기가 서울에 도착하는 데까지 얼마나 걸렸을까? 경유 시간을 포함해 열여덟 시간이 걸렸다.

한국은 GMT(Greenwich Mean Time, 그리니치시)로 '+9' 시간대다. 또 요하네스버그는 'GMT+2'로 나타내기 때문에 우리나라보다 7시간 늦다. 계산해보면, 18시간에 7시간을 더하면 25시, 즉 다음 날 1시가 된다. 그러면 오후 여섯 시에 출발했으니, 25시간 걸리면 다음 날 19시에 인천공항에 도착하게 된다. 시차 때문에 갈 때는 11시간 걸렸지만, 돌아올 때는 더 느릿느릿 도착하는 셈이다.

당신만의 아프리카는 잊어요

내가 알던 아프리카, 알게 된 아프리카

여행을 마치고 돌아오니 주변에서 질문이 쏟아진다. 왜 아프리카에 갔
는지부터 추장은 만났는지, 풍토병은 걸리지 않았는지 등등. 우리는 아
프리카를 아주 먼 곳에 있는 기아와 가난의 땅, 동정과 구호의 대상으로
떠올릴지 모른다. 또 천만 원을 호가하는 고급 패키지여행을 다녀온 어
떤 사람들은 사파리가 내려다보이는 로지의 석양과 아름다운 빅토리아
폭포, 쾌적한 케이프타운의 고급스런 레스토랑을 떠올릴 수도 있다.

하지만 그것은 '당신만의 아프리카' 일 뿐이다. 물론 한 달이라는 짧
은 일정과 동남부 아프리카로 한정된 여정이 또 다른 오해를 갖게 했는
지도 모르지만 말이다.

아프리카는 대륙의 이름이지, 특정 나라나 지역의 이름이 아니다.
지구 육지 면적의 5분의 1을 차지하는, 아시아 다음으로 큰 거대한 대륙

이다. 그 안에 수천 개의 부족이 천여 종의 언어로 소통하며 살고 있다.

　아프리카 대륙에는 건기와 우기가 뚜렷한 사바나가 있는가 하면, 고릴라가 사는 우거진 밀림도 있고, 메마른 사하라 사막도 있으며, 차가운 해류 덕분에 펭귄이 사는 해변도 있다. 소말리아Somalia처럼 기아로 힘든 나라도 있고, 유럽과 비슷한 케이프타운도 있다. 가축의 수를 늘려 하늘로 돌아갈 날을 기다리며 사는 마사이족, 킬리만자로의 정기를 받고 사는 차카족, 매를 맞으며 성인식을 치르는 은데벨레족, 원숭이를 이용해 사막의 물줄기를 찾는 산족도 있다. 넬슨 만델라 전 대통령도 남아프리카 공화국의 국민이기 전에 용감한 템부Thembu족의 후예임을 자랑스러워했다.

　"한국은 어때?" 또는 "제주도는 어때?" 대신 "아시아는 어때?"라고는 말하지 않을 것이다. 같은 대륙에 있는 이집트는 아프리카로 묶지 않으면서 조금 가난하고 발전 속도가 느리다고 일부 국가를 뭉뚱그려 '아프리카'라고 해서는 안 된다. 가난과 질병으로 고통받는 불행한 사람들이 사는 나라라는 편견은 이 거대한 대륙의 다양성을 보지 못했기 때문에 생긴 것이다.

　30대 이상이라면 옛날 흑백 텔레비전에서 본 〈타잔〉 영화를 기억할 것이다. 표범 가죽으로 만든 팬티 하나만 걸친 채 아프리카의 밀림을 누비던 타잔. 타잔이 넝쿨에 매달려 이동할 때 지르던 기합 소리는 누구나 한번쯤 따라해본 적이 있다. 원래 영국 귀족 출신인 타잔은 비행기 사고로 아프리카 밀림에 떨어져 유인원 손에 길러진 뒤 밀림의 왕자가 된다.

그러나 영화와 달리 아프리카에는 울창한 밀림이 별로 없다. 우간다, 콩고, 가봉Gabon 등 적도가 지나가는 일부 서부지역에 열대우림이 있을 뿐, 대부분은 사바나 지역이며 열대초원과 황무지, 사막으로 이루어져있다. 사실 타잔 영화를 촬영한 정글은 남아메리카의 아마존Amazon강 유역이었다. 타잔이 부르면 잽싸게 달려오던 코끼리도 인도코끼리였다. 다혈질인 아프리카코끼리를 훈련시키는 일이 쉽지 않았기 때문이다. 그래도 귀가 큰 아프리카코끼리처럼 보이기 위해서 귀를 덧붙이는 성의는 보였다.

우리나라 광고도 마찬가지다. 아프리카 생태에 대한 작은 관심만 있더라도 어느 국제전화 광고처럼 한국에 있는 아들 고릴라가 세렝게티 국립공원에 있는 엄마 고릴라에게 전화를 거는 일은 없었을 것이다. 탄자니아 세렝게티 같은 사바나에는 고릴라가 살지 않는다. 현재 고릴라는 콩고강 주변의 열대우림과 우간다의 산악지대에 서식한다. 아프리카에 대해 잘못 알고 있는 것이 너무 많다.

동물의 왕국, 아프리카. 나도 여행하기 전에는 그렇게 생각했다. 나이로비 공항에 내리면 임팔라가 뛰어다니고, 타자라 열차가 코끼리의 습격으로 멈추기도 하고, 창밖으로 지나가는 누 떼를 볼 수 있을 줄 알았다. 텔레비전에서 본 아프리카의 일부 모습을 전체라고 인식한 탓이다. 현재 야생동물은 대부분 국립공원이나 동물보호구역에 살고 있다. 동물보호구역은 넓지만 사파리 도로가 정해져있어, 사자가 버펄로를 앞

뒤에서 협공하고, 치타가 가젤을 쫓는 장면을 보기란 하늘의 별따기다.

뉴스에 등장하는 아프리카는 늘 괴롭다. 내전으로 많은 사람이 죽고, 총을 든 사람들은 잔인하고 공격적인 모습이다. 그러나 여행하면서 만난 많은 아프리카 사람들은 정 많고, 유쾌하고, 순박했다. 불쑥 들어간 민가에서 막걸리 비슷한 술을 건네던 아줌마, 내 머리카락이 신기하다며 만지작거리던 아이들, 버스 정류장까지 공짜로 태워주던 트럭 기사, 우갈리 먹는 법을 열심히 가르쳐주던 청년, 자기 도시락을 나누어주던 짐바브웨의 노점상 아줌마까지 모두 따뜻했다.

유럽 열강의 식민 정책이 시작되기 전까지 이 대륙에는 1만여 인종이 나름의 방식으로 서로를 이해하며 살아왔다. 유럽 열강의 식민지 쟁탈전이 일어나 다양한 부족이 억지로 한 나라로 합쳐지지 않았다면, 지금과 같은 내전은 없었을지 모른다. 내 기억에는 짐바브웨가 가장 불안해 보였는데, 이 역시 쇼나족과 은데벨레족 간의 권력 다툼 때문이었다. 탄자니아의 차카족과 마사이족도 서로의 문화를 비난하며 싸움을 벌이고 있다. 차카족은 마사이족의 일부다처제를 받아들이지 못하고 있다. 식민 지배는 끝났지만 종족 분쟁이라는 후유증이 남았다.

그러나 전쟁과 빈곤으로 바닥까지 피폐해진 아프리카에 후천성 면역 결핍증, 곧 에이즈^{AIDS}라는 더 큰 재앙이 닥쳤다. 2007년 기준, 전 세계 에이즈 환자 중 3분의 2가 남부 아프리카에 살고 있다. 짐바브웨의 경우 에이즈 바이러스 감염률이 25퍼센트에 달한다. 네 명 중 한 명꼴이다.

더욱 심각한 것은 어머니를 통한 아이들의 감염이다. 남부 아프리카의 아이 중 30퍼센트는 이미 감염된 채 태어난다. 엄마들은 아이가 에이즈에 걸릴 것을 알면서도 굶어죽는 일을 막기 위해 어쩔 수 없이 젖을 물린다. 지금 아프리카는 스스로의 힘만으로 에이즈의 확산을 막기는 힘들다. 의약품과 교육 등 다양한 지원이 필요하다.

우리의 천 원은 에이즈 합병증으로 고생하는 어린이에게 큰 도움이 될 수 있다. 빅토리아 폭포에서 만난 어떤 관광객은 에이즈에 감염될지 모른다며 돈을 셀 때 반드시 장갑을 낀다고 했다. 이는 에이즈에 대해 조금만 알아도 하지 않을 행동이다. 에이즈는 신체 접촉으로 옮는 전염병이 아니다.

따뜻한 손길을 내미는 방법

아프리카 여행에서 나를 가장 난처하게 했던 것은, 가는 곳마다 만나는 구걸하는 아이들이었다. 낯선 사람에게 손을 내미는 아이들이나 무심히 지나는 사람들이나 모두 익숙한 듯했다. 나는 관광객에게 한두 번 돈이나 사탕, 볼펜을 받고 구걸하는 삶에 안주하게 될까 봐 절대 주지 않기로 마음먹었다. 하지만 애원하는 아이들을 외면하기는 너무 어려웠다. 윗옷만 입은 채 맨발로 다니는 아이들이 울면서 내미는 손을 뿌리칠 수 있는 사람은 없을 것이다.

아프리카 여행은 따뜻한 손을 내미는 방법에 대한 고민을 안겨주었다.
두 번째 아프리카 여행은 이 아이들을 만나러 가는 길이 될 것이다.

여행을 마치고 귀국한 지도 꽤 오랜 시간이 지났다. 일상으로 돌아왔지만 아직도 아름다운 아프리카의 자연과 그 속에서 살아가는 사람들, 특히 아이들의 까만 눈동자를 잊을 수 없다. 가난과 질병, 급속히 퍼져가는 에이즈 바이러스에 노출된 세상을 혼자서 이기기에 그들은 너무 순수하고 나약하다.

구호와 자립의 딜레마. 잡은 물고기를 줄 것인가, 낚시하는 법을 가르쳐줄 것인가. 마치 아이가 걸음마를 배울 때 잡아주자니 걸음마가 더딜 것 같고 혼자 두자니 넘어질 것 같아 걱정하는 어머니의 고민처럼, 이들을 도와주는 방법에 정답은 없다. 나는 어떤가. 자원 봉사를 나갈 정도의 용기도 없고 형편도 되지 않는다. 그래도 내 삶의 범위 안에서 행할 수 있는 방법이 없을까? 아프리카 여행이 내게 남긴 숙제였다.

국내 봉사 활동 기관의 도움으로 케냐의 한 어린이와 새로운 인연을 맺었다. 아이의 학교 등록금과 점심 급식을 해결할 수 있도록 한 달에 2만원을 기부하는 일대일 후원 프로그램이다. 서로 편지도 주고받고, 아이에게 선물도 보낼 수 있다. 후원이라는 거창한 이름이 붙긴 했지만 조금이나마 도움을 줄 수 있어 마음이 푸근해졌다. 어쩌면 아프리카가 내게 준 가장 큰 선물이다. 아름다운 아프리카, 다음 여행은 그 인연의 친구를 만나러 가는 길이 될 것 같다.

1. '뽈레뽈레(천천히)' 정신이 필요하다.

어떤 여행이나 마찬가지겠지만, 특히 동남부 아프리카 여행에서의 '계획'은 하나의 즐거운 예상으로 그칠 때가 많다. 버스나 비행기 같은 교통수단도 시간표대로 움직이지 않기 때문이다. 어디서 무엇을 볼 것인지 정도만 짜두는 편이 낫다. 그것만 해도 여행 계획의 90퍼센트는 결정된 셈이다.

이번 여행에서는 만년설이 덮인 킬리만자로, 야생동물의 천국 세렝게티 국립공원의 사파리 투어, 웅장하게 떨어지는 빅토리아 폭포, 아프리카 최남단의 케이프타운, 그림같이 아름다운 나미브 사막의 별 구경을 필수 코스로 계획을 세웠다. 아참, 탄자니아에서 잠비아를 연결하는 2박 3일의 타자라 열차에서 즐기는 기차 사파리도 필수!

2. 투어 선택에 따라 경비는 하늘과 땅 차이다.

아프리카 여행 경비는 사파리 투어, 킬리만자로 등반, 사막 투어, 레포츠 상품 등을 몇 번 이용하느냐에 따라 극명하게 차이 난다. 보통 하루에 10만 원이 넘는 투어 상품 때문에 경비 지출이 늘어난다. 투어 상품을 이용하지 않는다면 아프리카 여행에서 큰 돈이 드는 경우는 거의 없다.

3. 예약은 필수?

처음 가는 아프리카 대륙인 탓에 숙소는 물론 사파리 투어, 킬리만자로 등반, 나미브 사막 투어까지 예약을 하고 떠났다. 그러나 사파리 투어 같은 경우는 예약이 필요 없었다. 오히려 출발 직전에 취소된 자리일 경우 절반 가격에도 흥정이 가능하다. 버스도 마찬가지다. 예정된 출발 시간은 아무 의미가 없다. 자리가 다 차지 않으면 출발하지 않기 때문이다.

4. 밤거리를 혼자 다니는 일은 삼간다.

대도시나 관광지를 제외하면 치안 상태가 좋지 않다. 대낮이라도 한적한 골목길을 혼자 걷는 일은 위험하다. 특히 한국인 여행자는 현금을 많이 가지고 다닌다는 소문 때문에 강도의 표적이 되기 쉽다. 그러니 밤거리를 혼자 다니는 일은 더더욱 금물이다.

5. 가이드는 손님하기 나름?

대부분의 가이드는 자부심을 가지고 성실하게 일한다. 그들에게는 안내를 마치고 손님에게 받는 팁이 무척이나 중요하다. 금액 또한 일정하게 정해져있어 거의 월급이나 마찬가지다. 그래서 액수가 적을 경우, 노골적으로 불만을 표현하기도 한다. 어차피 팁을 줘야 하므로 가이드를 잘 구슬리는 게 중요하다. "오늘 빅5를 다 보여주면 팁을 더 줄게요."라고 제안한다면 코뿔소를 잡아서라도 보여줄 것이다.

6. 두려워 말고 먹자!

일반적인 아프리카 식당의 메뉴는 간단하다. 우갈리와 야채볶음, 우갈리와 닭튀김, 우갈리와 소고기 스튜……. 처음에는 밋밋하던 음식이 자꾸 먹다보면 맛있다. 간이역이나 미니버스가 들르는 마을 어귀에는 어김없이 간식거리를 소쿠리에 담아들고 장사하는 사람들이 있다. 꼬마들은 하루 종일 잡은 참새를 팔기도 한다. 다양한 종류의 바나나와 달콤한 망고, 사탕수수는 여행의 또 다른 즐거움이다.

특히 사탕수수는 껍질을 벗기고 속살을 씹어 먹어도 맛있지만, 기계에 눌러 짜면 금세 더위를 식혀주는 시원한 사탕수수 주스가 된다. 하지만 아프리카 사람들에게 최고의 영양 간식인 '흰개미 볶음'만큼은 용기가 필요하다.

7. 함부로 카메라를 들이대지 말자!

카메라를 들이대던 순간, 소를 몰던 마사이족 남자 아이의 원망하는 눈빛이 아직까지 생생하다. 아이들이 애절하게 손을 내밀면 한쪽에서는 동전을 건네고, 다른 쪽에서는 이런 모습을 카메라에 담느라 정신이 없다. 마치 무슨 구경이라도 난 것처럼 일방적으로 아이들을 피사체로 찍어대는 모습이 약간은 폭력적으로 느껴졌다. 먼저 인사를 건네고, 사진을 찍어도 되는지 양해를 구하는 것이 최소한의 예의일 듯싶다.

8. 환전 사기를 조심하라.

외환이 부족한 나라에서는 대부분 암 환전상을 통해 환전한다. 이때 최소 두 곳 이상을 비교해보고 선택하도록 한다. 또한 가짜 지폐가 섞이지 않았는지 잘 살펴야 한다.

9. 이것만은 알아야 한다!

- 킬리만자로 등반 시, 공원 사무소에 입산 등록을 해야 한다. 한 등산로당 하루 등산 인원 60명, 짐 20킬로그램(실제로 포터들은 두 배 이상 들기는 하지만)으로 제한되어 있다.
- 마사이족 마을을 구경하는 경우, 입장료를 내야 할 때가 있다. 또 마사이족은 사진 찍는 데 1달러를 요구하기도 하므로 무턱대고 찍어서는 안 된다.
- 탄자니아 입국 시 여권 검사를 했더라도 잔지바르섬에 들어갈 때, 여권 검사를 다시 하므로 미리 준비하는 게 좋다.
- 나미비아에 입국할 때는 남아프리카 공화국의 나미비아 관광청에서 비자를 사전 발급받아야 한다. 또 체류 날짜에 여유분을 주지 않으므로 얼마나 머물지 미리 결정해야 한다.

10. 사파리에도 종류가 있다.

사파리 투어는 크게 캠핑 사파리와 로지 사파리로 나뉜다. 캠핑 사파리는 텐트에서 생활하며 욕실이나 식당을 공동으로 사용한다. 운전사와 가이드가 도와주기는 하지만 텐트는 각자 세우는 것이 원칙이다. 로지 사파리는 국립공원 안에 있는 호텔로 식사 때마다 뷔페식의 훌륭한 식사를 제공하며 시설 안에 수영장도 있다. 서너 배 정도 비용이 차이 나지만 숙소 외에 사파리 투어 자체에는 큰 차이가 없다.

사파리에서 얼룩말에게 한 방 차이지 않으려면, 가이드의 말에 주의를 기울여야 한다. 그 요령에 대해서는 50페이지를 참고할 것.

과학 선생 몰리의 살짝 위험한 아프리카 여행

사파리 사이언스

지은이 조수영

2008년 4월 21일 1판 1쇄 발행
2011년 4월 25일 1판 4쇄 발행

펴낸곳 효형출판
펴낸이 송영만

디자인 자문 최웅림
일러스트 손다혜

등록 제406-2003-031호 | 1994년 9월 16일
주소 경기도 파주시 교하읍 문발리 파주출판도시 532-2
전화 031·955·7600
팩스 031·955·7610
웹사이트 www.hyohyung.co.kr
이메일 info@hyohyung.co.kr

ISBN 978-89-5872-058-4 03400

값 13,000원